ウイルス

ミクロの賢い寄生体

Dorothy H. Crawford 著
永田 恭介 監訳

SCIENCE PALETTE

丸善出版

Viruses

A Very Short Introduction

by

Dorothy H. Crawford

"Viruses: A Very Short Introduction" was originally published in English in 2011. This translation is published by arrangement with Oxford University Press.

本書はOxford University Press の正式翻訳許可を得たものである.

Printed in Japan

監訳者まえがき

本書を読もうと思われた方の根本的な興味、あるいは疑問は、「ウイルスって何？」だと思います。読む前にそう思った方は、本書を読み終えた後に、また同じように考えられるのではないでしょうか。そのような読後感は、ウイルスというものを病気という身近なことから漠然と知りながら科学的にはご存じない方も、ある程度はウイルスについて知識を持たれた方も、等しく抱かれるのではないかと思います。ウイルスのことが理解できなかったということではなく、まだまだ考えなければならないことがあるということを感じられるはずだからです。

本書は、オックスフォード大学出版局の「Very Short Introductions」シリーズの１冊“Viruses”（ドロシー・H・クローフォード著、２０１１年刊行）を翻訳したものです。最初に原著を手にとったときから、これまでのウイルス学の本とはずいぶん作り方が異なる本だと感じました。ウイルス学に関する多くの成書は、基本的にはウイルスごとにまとめられてきました。確かに、形態や複製様式を基盤にした分類に従ったテキストはある意味では勉学には向いているとも言えます。また、ウイルスに関する学会や研究会でも、ウイルス分類ごとのセッション分けになっていることが普通です。しかし、本書を日本に紹介しようと考えた訳者たちは以前からそういった形式を認めながらも、もう少し丸ごとウイルスについて考え、理解することはできないものかと感じることがありました。さまざまなウイルスを、ウイルスの種類を超えて、言わば「ウイルスはどこから来て、本当は何を起こしたくて、そしてこれからどこへ向かうのか」といったことが簡略に学べ、考える一助になる本があればなあという思いを満たすのがこの本でした。監訳者は、過去に『ウイルスの生物学』（羊土社、１９９６年）というウイルス分類別ではなく、ウイルスの複製と病原性の観点から構成した本を上梓したことがあります。また、ウイルスを含む微生物に関する最大の学会であるAmerican Society for Microbiologyが刊行した『Principles of Virology』（第３版、２００８年）もそういった観点を持ったテキストです。しかし、簡潔という点、丸ごと感という意味では本書は秀抜です。

そういった新しい考え方で書かれている本ですので、訳者の間でもたびたび議論がありました。たとえば、virosphereという造語の訳について、「ウイルス生存圏」とするか、「ウイルス圏」とするかといった類の議論です。植物や動物を議論する際には、植生、あるいは植物圏＝

flora（ある地域もしくは時代におけるすべての植物の種の総体を意味する）、動物ではいまだにうまく定義されていない言葉ですが動物圏＝zoosphereなどの言葉があります。このような例にならえば「ウイルス圏」という言葉でよいのかもしれません。しかし、ウイルスはそれ自体では増殖することはできない宿主に完全に依存した寄生体です。つまりウイルスは生かされている存在と考えれば、宿主としての植物や動物を含めた増殖可能な範囲という意味で「ウイルス生存圏」ということになるかもしれません。しかしそうなると、生きにくいウイルス（これが本書の重要な視点のひとつ）を含みにくくなります。本文をお読みになると、このような議論が苦肉の文章となっていることがおわかりいただけると思います。

最後になりますが、本書の訳者たちは文部科学省が支援する新学術領域研究（ウイルス感染現象における宿主細胞コンピテンシーの分子基盤）の日本のウイルス学における先端的な研究者たちです。通常は、ウイルスが感染しても細胞内の防御系とうまくつり合っていますが、このバランスがウイルス側に偏ったときに強い病原性が現れます。このバランスを偏らせるメカニズムを明らかにし、またウイルスが宿主に合わせてどのような生き残り戦略を取るのかを明らかにすることが、私たちの研究の目的です。この研究の目的は本書の考え方に大変よく合致しています。そういう考え方を研究グループ内で討論するだけではなく、広く社会と共有できれば、という思いが本書を翻訳する強い動機となりました。そして、本書を完成させるためには多くの方々の支援がありました。丸善出版株式会社で本書の編集を担当いただいた米田裕美さんの、特に原稿の校正段階での格別の労に深謝いたします。

さて、ウイルスって？

2014年3月吉日

訳者を代表して　永田　恭介

訳者一覧

監訳者

永田　恭介　　筑波大学　学長

訳　者

伊庭　英夫　　東京大学医科学研究所　教授

小池　智　　公益財団法人東京都医学総合研究所　副参事研究員

小柳　義夫　　京都大学ウイルス研究所　教授

永田　恭介　　筑波大学　学長

藤田　尚志　　京都大学ウイルス研究所　教授

脇田　隆字　　国立感染症研究所　部長

協力者

岡嶋　紗代子　京都大学ウイルス研究所
加藤　博己　京都大学ウイルス研究所
小林　郷介　東京大学医科学研究所

（2014年3月現在、五十音順）

はじめに

本書は、ウイルスについて一般読者に紹介する入門書です。

最初のふたつの章では、ウイルスの構造と多様性について紹介し、またウイルスがどこに存在していて、どのように存続しているのか、また個体からこの惑星全体に至るまでにどのような影響を与えているのかについて述べています。次いで、ウイルスと感染個体の免疫システムとの絶え間ない戦いについて概説しています。そのあと、特定のウイルスの感染、新たなウイルスの出現、一時的な流行、世界的な流行、そしてときにはがんを引き起こす一生涯にわたる持続感染について述べる章が続きます。本書の後半では、私たちのウイルスについての知識が時代を通じてどのように進歩してきたのか、また最近の分子レベルでの技術革新がどのように新しいウイルスの単離、ウイルスの診断、ウイルス感染の治療に結びついたのかについて述べています。最後の章では、時代につれて変化してきたウイルス感染模様についての歴史観を述べるとともに、将来にわたって人とウイルスがどのように付き合っていくのかについて推察しています。著者はできるかぎり専門家が使う言葉や技術的な言葉を避けましたが、それらを用いざるを得ない場合には用語集で説明しました。ウイルス名の起源についても用語集で補足しています。本書の最後には、さらに深く知りたい人のための文献リストも付け加えました。

謝　辞

次の方々に感謝します。タンジナ・ハック博士、インゴー・ヨハンセン博士、ピーター・シモンド教授にはウイルスに関する専門的アドバイスをいただきました。ジーン・ベル氏、フランセス・ファウラー氏、カレン・マッコーリー氏、アレロ・トマス氏には、原稿への貴重なコメントをいただきました。また、オックスフォード大学出版局のラサ・メノン氏、エマ・マーチャント氏には、編集にてお世話になりました。

目　次

第1章
ウイルスとは？

微生物はとても小さい。
肉眼では見ることはできない。
しかし、研究熱心な人々は顕微鏡を使って微生物を見たいと思っていた。
好奇心をそそる100個の歯列、その裏に折りたたまれた舌……
愛くるしいピンクと紫の水玉模様で彩られた7本の尻尾……
40の分節に分かれた体躯……
ほのかに緑色をした眉毛……
未だ誰もこれらを見たことはない。
しかしそれらを知ってしかるべき科学者は必ずそうであることを請け合うのだが。
ああ、答えの出せそうもないことに疑問を抱かせないでほしい。

ヒレア・ベロック『微生物』（1896年）

病気の原因、「微生物」

原始的な微生物はおよそ30億年前の地球で進化したと考えられていますが、はじめて人の手によって単離されたのは19世紀後半であり、それはヒレア・ベロックが『微生物』を著す20年ほど前のことでした。彼の詩は面白おかしく書かれていますが、やはりその時代の懐疑論を反映しています。これまで神の意志や、惑星の配列、はたまた沼地や分解されている生物の死骸から生じてくる蒸気のせいだとして片づけられていた病気の原因がこんなちっぽけな生物であったということを人々が受け入れることには、大きな飛躍があったに違いありません。当然、一朝一夕で人々に受け入れられたわけではありません。しかしさらにたくさんの微生物が同定されるにつれて、「微生物起源説」は確たるものとなっていきました。そして20世紀初頭までには、微生物が病気を引き起こしているということが科学者以外にも広く受け入れられるようになったのです。

この微生物に対する理解の飛躍的な進歩は、16世紀のオランダのレンズ職人であったアントニ・ファン・レーウェンフック（１６３２～１７２３年）による顕微鏡の技術開発が大きなきっかけでした。彼は人類ではじめて微生物の存在を見出しましたが、それ以降しばらく微生物学は歩みを止めてしまうことになります。パリで活動していたルイ・パスツール（１８２２～

1895年）とベルリンのロベルト・コッホ（1843～1910年）が、細菌が感染症の原因となることを立証した科学的業績を上げて、「微生物学の父」の称号を得るのは1800年代半ばに入ってからのことです。パスツールはそれまで一般的な概念となっていた、生物が無生物から偶発的に発生し得るという「自然発生説」の否定に貢献しました。その時代、保存食や保存飲料に生えるカビがとりわけ問題となっていました。パスツールは肉汁を加熱処理し、空気を遮断せずに微粒子の侵入のみを遮断することで肉汁の腐敗を防ぐことができることを証明したのです。この発見によって空中を浮遊するミクロの世界の生物の存在が明らかとなりました。1876年、コッホははじめて病原体となる微生物として炭疽菌を単離することに成功し、それ以降、瞬く間に微生物を培養する技術を開発していきました。

炭疽病、結核、コレラ、ジフテリア、破傷風、梅毒といった人類を脅かしていた病についても、原因菌となる微生物が次々と同定され、解析されていきました。細菌は細胞壁に囲まれた細胞質を持ち、その中にコイル状にうねった一本の環状DNAを持っていることが明らかとなり、哺乳類動物の細胞と似た構造をとっていることがわかりました。細菌の多くは自立して生きています。彼らは他の生物の助けを借りずに必要とするすべてのタンパク質をつくり出し、それを代謝し、分裂して増えることができます。病原性微生物の単離は続々と成功していたも

の の、天然痘、はしか（麻疹）、おたふくかぜ、風疹、インフルエンザなどの一般的で致死性の感染症の原因微生物はなかなか単離されずにいました。これらの感染症の原因微生物はきわめて小さく、細菌を捉えることのできるフィルターにも引っかからなかったので、「ろ過されざるもの」とよばれていました。当時の科学者の大半は、こういった病気の原因を単にとても小さな細菌であると考えていたのです。

「ろ過されざるもの」の正体

１８７６年、当時オランダのヘルダーランド州にあるヴァーヘニンゲンの農事試験場の局長を務めていたアドルフ・マイヤー（１８４３～１９４２年）は、オランダにとっての貴重なタバコ産業に大打撃を与えていたタバコが罹患する奇病の調査に乗り出していました。彼はその病気をタバコの葉に現れるまだら模様から「タバコモザイク病」とよびました。マイヤーは病気にかかっているタバコの抽出液を健常なタバコの葉に擦りつけたときにその病気が伝染ることを確認し、はじめてその病気が感染性のものであることを示しました。彼はその病気はとても小さな細菌あるいは毒によって引き起こされていると結論づけましたが、それ以上追究することはありませんでした。

のちに、ロシアのサンクトペテルブルク大学の生物学者であったディミトリー・イワノフスキー（１８４３〜１９４２年）もタバコモザイク病の研究を進めていました。彼はその病気を「野火」と称し、１８９２年に病因となる物質が細菌ろ過器を通過することを見出し、マイヤーと同じように細菌の産生する毒が原因だと考察していました。

そして１８９８年にヴァーヘニンゲンの農業学校で微生物学の教師を務めていたマルティヌス・ベイエリンク（１８６４〜１９２０年）はマイヤーの実験をさらに進めていきました。イワノフスキーの実験を知らないまま、彼はろ過器を使った実験を行い、同様にろ過器を通過するとても小さい物質の存在を確認したのです。そこにとどまらず彼はさらに実験を進め、その物質は分裂細胞中で培養することができ、さらに植物に感染させたときにはいつでも完全な病原性を再現できることを証明しました。彼は病気の原因は微小な生物様のものであるはずと結論づけ、はじめて「ウイルス」（ラテン語で毒、毒薬や粘液性の液体という意味）という言葉を生み出したのです。

ウイルスの構造

20世紀初頭までに、ウイルスは感染性があり、細菌ろ過器を通過し、かつ増殖には生きた細胞を必要とするものと定義されていましたが、ウイルス構造の本質は謎に包まれたままでした。1930年代に入り、タバコモザイクウイルスの結晶化が可能となり、ウイルスはタンパク質のみで構成されていると考えられるようになりました。間もなく核酸構成成分が発見され、またそれが感染性に不可欠であることが明らかとなりました。しかし、1939年に電子顕微鏡が発明されるまで、ウイルスは視認することができず、他の微生物と一線を画する構造も解明されませんでした。

ウイルスは細胞とは異なる粒子です。ウイルスはタンパク質で遺伝物質を取り囲んで守っており、有名な免疫学者であるピーター・メダウォー卿（1915～1987年）はそれを「タンパク質で包装された凶報」とよびました。全体の構造はビリオンといい、外殻はカプシドとよばれています。カプシドはウイルスの種類によってさまざまな造形とサイズが存在します。カプシドはカプソメアとよばれるタンパク質のサブユニットにより構成され、中心の遺伝物質を取り囲むカプソメアの配列によってビリオンの形が決定されます。たとえば、天然痘ウイルスに代表されるポックスウイルスはレンガを積み重ねたような形、ヘルペスウイルスは正二十面体、狂犬病ウイルスに代表されるラブドウイルスは弾丸のような円筒形をしており、タバコモザイクウイルスは細長い杖のような形をしています（図1）。カプシドの外側にさらにエン

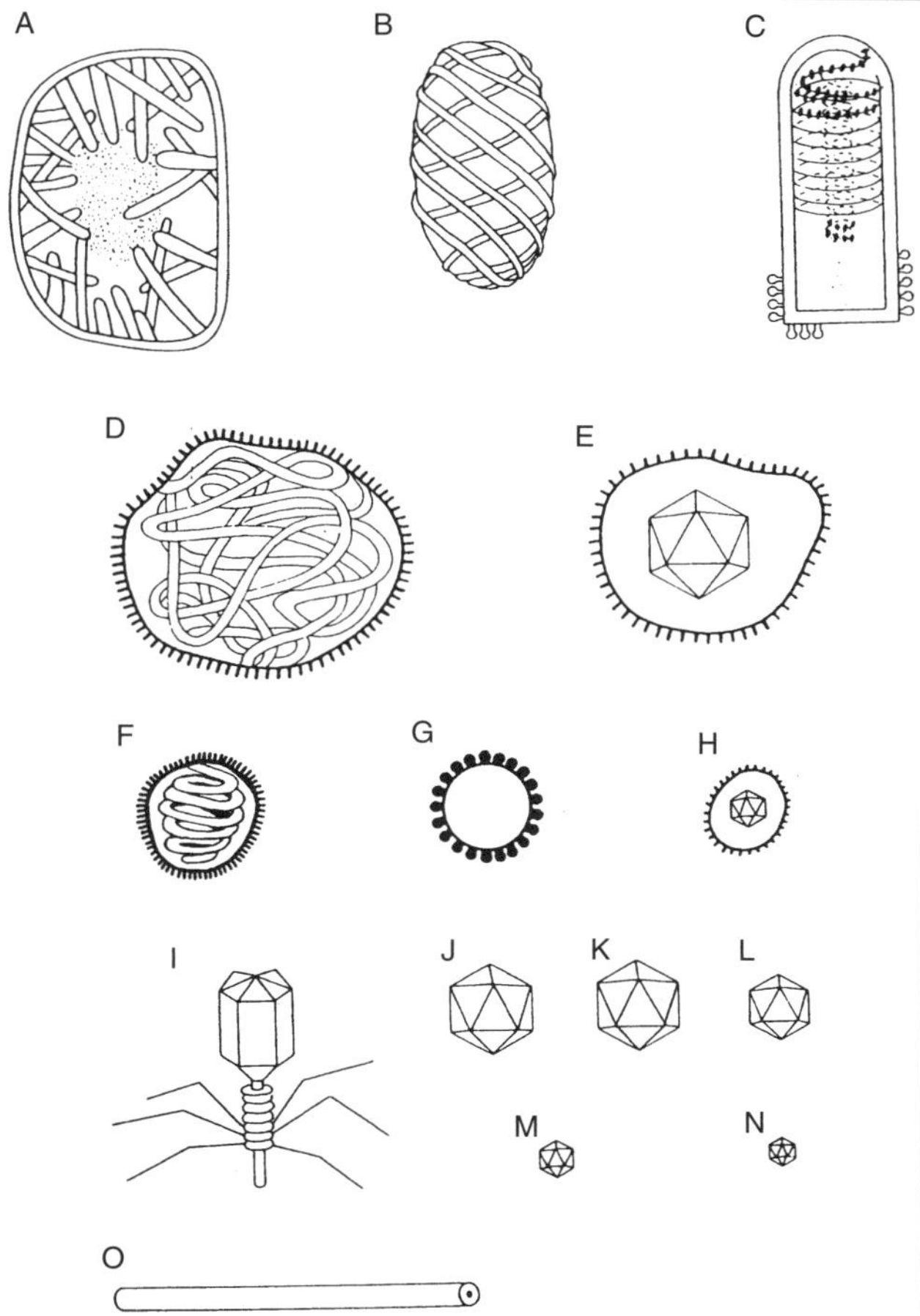

A：オルソポックスウイルス　F：オルソミクソウイルス　K：レオウイルス
B：パラミポックスウイルス　G：コロナウイルス　L：パポバウイルス
C：ラブドウイルス　H：トガウイルス　M：ピコルナウイルス
D：パラミクソウイルス　I：T偶数ファージ　N：パルボウイルス
E：ヘルペスウイルス　J：アデノウイルス　O：タバコモザイクウイルス

図1　ウイルスの構造.

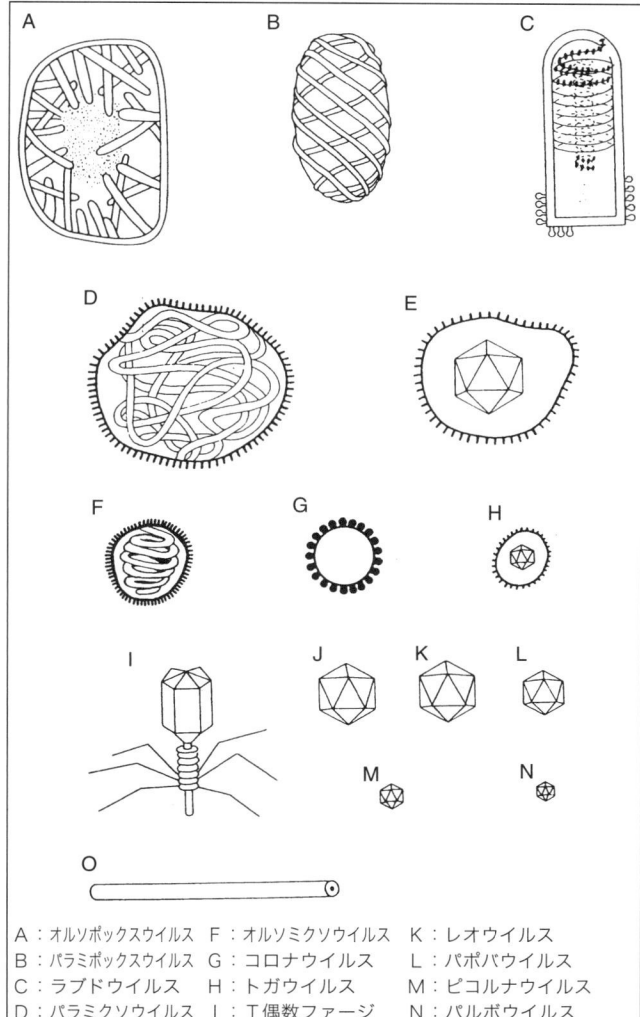

ベロープとよばれる層を持っているウイルスもいます。

多くのウイルスはとても小さく光学顕微鏡では確認することができません。一般に、ウイルスは細菌と比較して100～500分の1ほどの大きさで、直径約20～300ナノメートル（nm：1nmは1mの10億分の1）です（図2）。しかし最近になって、例外的に大きなウイルスも発見されています。ミミウイルス（細菌に類似したウイルスという意味）はその直径が約700ナノメートルといくつかの細菌を凌ぐ大きさです。

カプシドの内部にはゲノムとよばれる遺伝物質があり、ウイルスの種類によってRNAとDNAの違いがあります（図3）。そのゲノムは新たなウイルスを生産するための遺伝子をコードしており、ゲノムによってウイルスの特性が次世代に遺伝します。ウイルスは通常2～200の遺伝子を持つのに対し、くり返しになりますがミミウイルスは特殊で、大半の細菌と比較しても多い600～1000の遺伝子を持っています。

ウイルスには宿主が必要

細菌のように自立して生きている細胞は、タンパク質をつくるリボソームやエネルギーを産

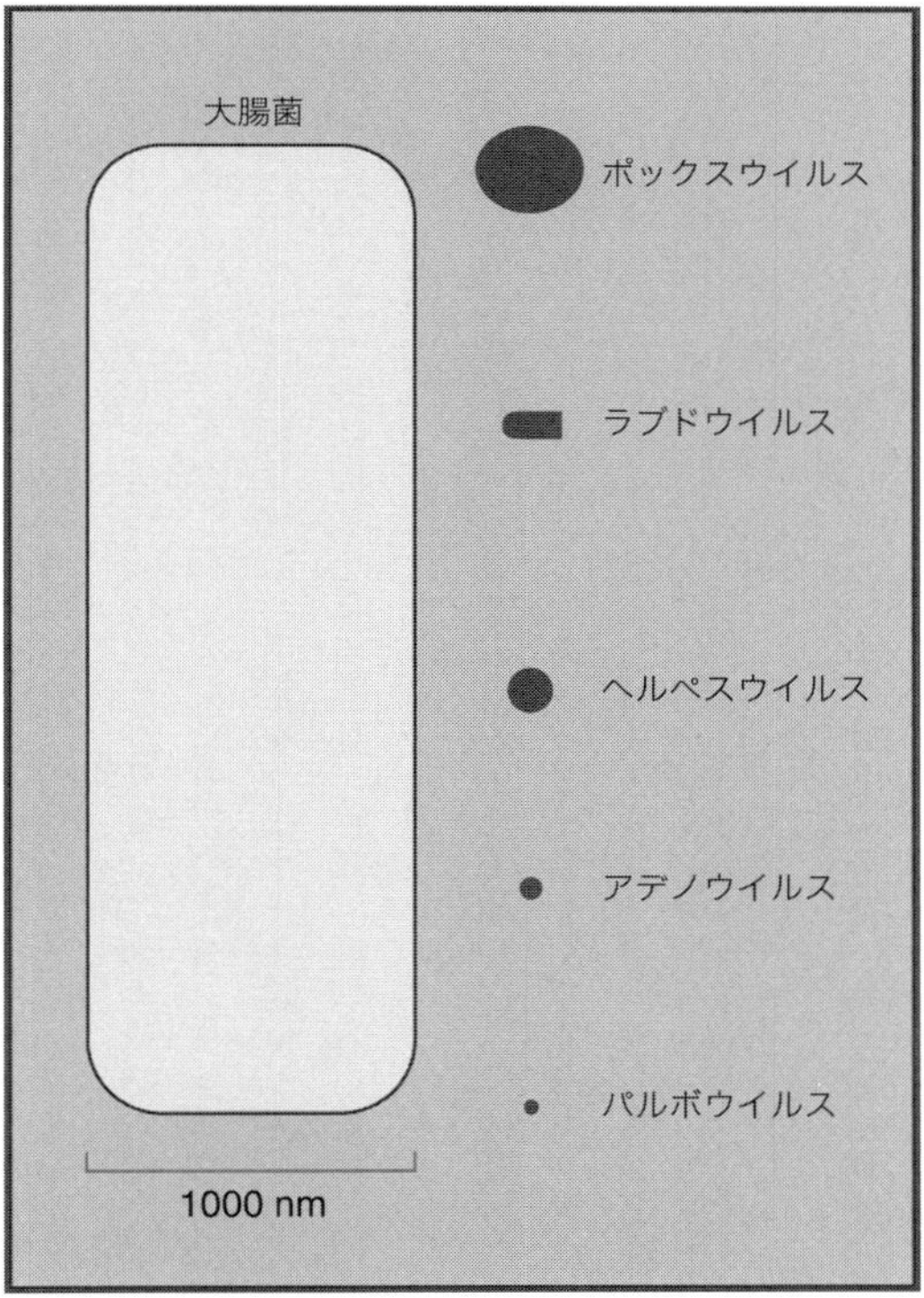

図２　一般的な細菌と代表的なウイルスとのサイズの比較.

生するミトコンドリアなど、さらに細胞壁や細胞膜を通して分子を内部に取り込むための複雑な膜構造といった生存に必要なさまざまな細胞内小器官を持っています。一方ウイルスは細胞ではなく、それらの構造も持っていないので、生存活動をするためには生きた細胞に感染するほかありません。ウイルス粒子は、きちんとした土壌を見つけたときにはじめて芽を出すことのできる種子によく似ています。しかし種子と異なり、ウイルスは彼らにとっての「発芽することと」と生活環を動かすことに必要なタンパク質をコードする遺伝子をすべて持っているわけではありません。したがって彼らは細胞を乗っ取り、必要な細胞内小器官を利用するのです。乗っ取られた細胞はその過程でしばしば死ぬ運命をたどります。このような生活様式はウイルスが生活環を維持するために必要なものを他の生物から調達せざるを得ないことを意味し、そのため彼らは偏性細胞内寄生体とよばれています。ミミウイルスでさえ、新たなミミウイルスを産生するためのタンパク質を得るにはアメーバに感染して細胞内小器官を借りなければなりません。

植物に感染するウイルスは細胞壁の裂け目から侵入するか、あるいは植物の師管液を吸うアブラムシなどの媒介昆虫を利用して感染します。いったん感染し増殖したウイルスは、植物細胞間で分子の通り道となっている原形質連絡を通って細胞から細胞へと効果的に伝播していき

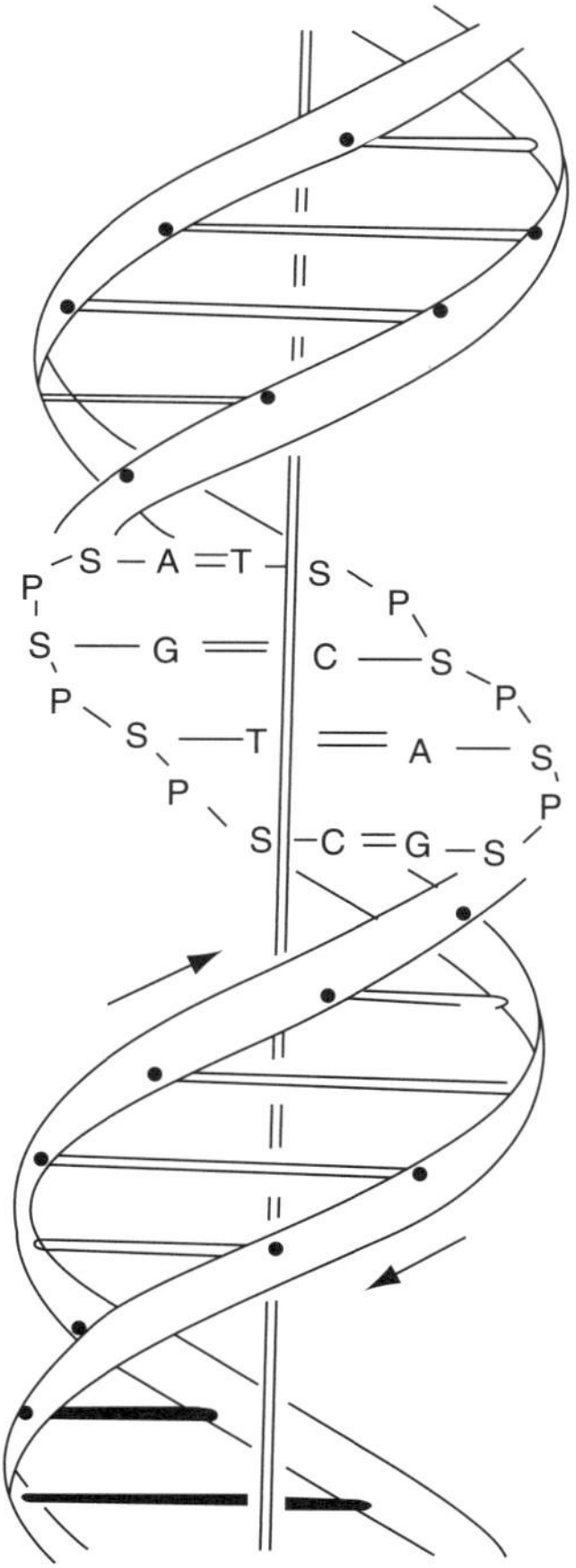

図3　DNA の構造．２本の相補的な DNA がらせん構造をとっている．DNA の骨格はデオキシリボース（五炭糖）（S）がリン酸（P）を介してたがいに結合することによりつくられている．糖はそれぞれ塩基に結合しており，塩基が遺伝子を綴る文字列となっている．塩基の種類：アデニン（A），グアニン（G），シトシン（C），チミン（T）．

ます。一方、動物に感染するウイルスは細胞表面に発現している特定のレセプター分子に結合し、細胞に感染します。細胞のレセプターはいわば鍵穴のような存在であり、レセプターという鍵穴に結合できるウイルスだけが特定の細胞に侵入することができます。レセプター分子はウイルスの種類によって異なり、あるものは多くの細胞で発現していますが、限られた細胞にしか発現していないものも存在します。よく知られている例として、ヒト免疫不全ウイルス（HIV）は鍵穴となるCD4分子への結合能を持っているのでCD4分子を発現している細胞にのみ感染できるのです。この特異的な相互作用が感染の成り行きを決定し、HIVの場合は免疫応答の要となるCD4陽性ヘルパーT細胞の破壊を引き起こします。CD4陽性ヘルパーT細胞が破壊された結果、免疫機構が崩壊し、深刻な日和見感染の危険性が生じてくるうえ、適切な処置がなされない場合には感染した個体に死が訪れます。

いったんウイルスが細胞のレセプターに結合するとカプシドが細胞内に侵入し、ゲノムであるDNAあるいはRNAが細胞質に放出されます。ここでのウイルスのおもな目的は複製を上手に行い、ウイルスが持つ遺伝情報を発現することです。たいていは、これらのことはウイルスが必要とする分子が存在する細胞の核内で行われます。しかし、ポックスウイルスのような大きなウイルスの場合は、自身のタンパク質をつくる準備のために必要な酵素遺伝子を持っているため、細胞質内で増殖することができます。

細胞内に侵入するとDNAウイルスは宿主細胞が元から持っているDNAのように装い、細胞の転写および翻訳機構を利用してウイルス自身の生産ラインを確保します。ウイルス由来のDNAはメッセンジャーRNA（mRNA）へと転写され、次いで宿主細胞由来のリボソームによって個々のウイルスタンパク質に翻訳されます。バラバラに産生されたウイルスの構成要素は集められて、無数のウイルス粒子が形成されます。これらの新しく産生されたウイルスは細胞内に貯められていますが、やがて細胞を突き破って出ていきます。こうなると細胞は必然的に死ぬことになります。あるいは新しいウイルス粒子が細胞膜から出芽するようにして静かに外へ出ていく場合もあります。後者の場合は、細胞は死なずに新たな感染の場として機能することができます。

RNAウイルスの一部、プラス鎖RNAウイルスでは、自身の遺伝情報をmRNAの形で持っている分だけDNAウイルスの場合より手順がひとつ少なくて済みます。マイナス鎖RNAウイルスの場合には、ゲノムはmRNA合成のための鋳型の極性として存在するために、DNAウイルスの場合と同様に転写の段階が必要です。しかしいずれの場合も、RNAウイルスは自身のRNAを複製し、タンパク質の翻訳に使われるRNAを合成する酵素を持っています。また、目立った細胞の破壊など起こさずに細胞質の中で生活環を完結することができる場合もあります。

レトロウイルスの戦略

レトロウイルスはHIVを含むRNAウイルスファミリーのひとつですが、宿主の免疫機構に隠れつつ宿主の一生涯に渡る感染を持続できるように、独特な進化を遂げています。レトロウイルスの粒子は逆転写酵素を持ち、細胞に入ったときにこの酵素でまずRNAをDNAに変換します（図4）。合成されたDNAはインテグラーゼという酵素によって宿主細胞のDNAに結合し、組込まれます。組込まれたウイルスゲノムはプロウイルスとよばれ、効率よく細胞内に保管されて永続的にとどまり、細胞が分裂する際に細胞DNAと一緒に複製されます。プロウイルスはふたつの娘細胞に引き継がれていくため、宿主体内に感染細胞が蓄積されていくことになります。いつでもプロウイルスは新しい世代のウイルスをつくることができ、それが細胞表面から出芽して出ていくのですが、この段階にもなると細胞は死ぬことになります。

レトロウイルスの感染サイクル

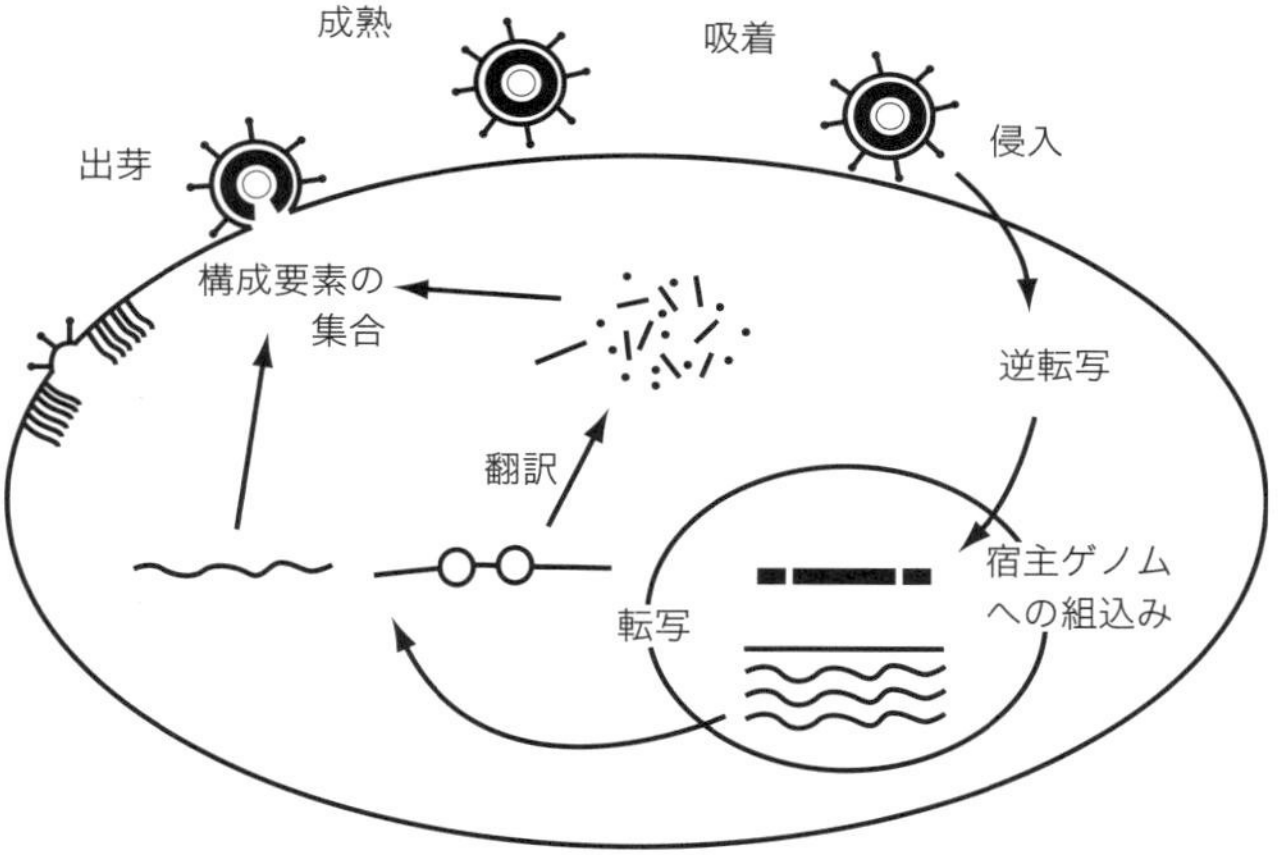

図4　レトロウイルスの感染サイクル．ウイルスが細胞内に侵入後，ウイルスゲノムの逆転写，宿主ゲノムへの組込み，転写，そして翻訳が行われる．ウイルスの構成要素が集められ，新しい粒子として細胞表面から放出される．

哺乳類動物の細胞ではＤＮＡの複製は細胞分裂の過程において厳格に制御されています。障害を受けたＤＮＡや間違って複製されたＤＮＡを検出し、訂正するために、校正システムや各チェックポイントがはたらいています。仮にその障害が修復不可能なくらいにひどい場合には、細胞はアポトーシスとよばれる自殺プログラムによって、間違ったＤＮＡを持つ細胞が増えないようにしています。このようなチェック機構があっても、ときには間違ったＤＮＡがそのチェック機構をすり抜けることがあり、変異が複製されて、次

分子進化

ウイルスの遺伝子は変異を蓄積し続ける.

A ..GAAGCACTCTACCTCGTGTGCGGGGATCGAGGCTTATTCTACACACCCAAGC. . .
X X X X X
B ..GAAGCTCTCTACCTAGTGTGCGGGGAACGAGGCTTCTTCTACACACCCAAGA. . .
X X X X X X X X
C ..GAGGCGCTGTACCTGGTGTGCGGGGAGCGCGGCTTTTTTATACACCCAAGT. . .

A対B：50 塩基配列中 5 個の変異　= 10%の変化
B対C：50 塩基配列中 10 個の変異 = 20%の変化

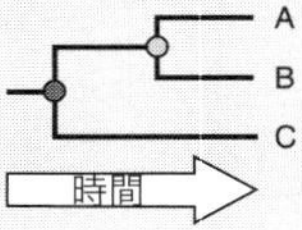

時間経過に伴うウイルス遺伝子の進化の一例. 上記の塩基配列情報は進化系統樹をつくるために利用され, 線の長さは直近の共通祖先からの相対的な時間を示している（エジンバラ大学のポール・シャープ教授のご厚意による).

の世代に反映されてしまうこともあるのです（上の囲み図参照）。

ウイルスでは変異こそが生命線

ヒトの場合は、1世代のうちに100万塩基対に1個の割合で変異が生じます（ヒトのDNAは約30億塩基対からなる）。それに比べてウイルスの場合はより高頻度に変異が生じます。この理由のひとつとして、ヒトの世代時間がおよそ30年であるのに対し、ウイルスは1日か2日で次の世代をつくる点を挙げることができます。また、RN

Aに対しては校正システムがないことから、RNAをゲノムとして持つウイルスは1世代でおよそ数千塩基（対）に1個の割合という高い確率で変異が生じます。したがってウイルスが細胞に感染したときにはウイルスのDNAあるいはRNAは何千何万回と複製され、複製されたものが新しいウイルス粒子中に封入されるため、感染するたびに変異ウイルスが生じているといえます。この高い変異率はウイルスたちにとっての生命線であり、生存のために必要不可欠である場合もあります。ウイルスの感染ごとに主要遺伝子の機能を妨げるような変異も起こるため生存できなくなるウイルスも生じますが、一方で機能にはまったく影響を及ぼさない変異を持つものも出現してきます。しかし、まれに同胞ウイルスに対して生き残りに有利にはたらく変異を持ったものが出現してくることがあります。その変異がもたらす優位性は多岐にわたり、宿主の免疫機構に対して抵抗性や回避能がすぐれているもの、宿主間での生存や感染拡大にすぐれているもの、抗ウイルス薬に抵抗する能力を持つもの、より速い速度で増殖できるものなどがあります。いずれの能力にせよ、特定の変異を持ったウイルスが同胞ウイルスを数で上回り、やがて集団の大半を占めていくことになると考えられます。この例として一般的に挙げられるのがはしかウイルスのようなRNAウイルスです。このウイルスはヒトに約2000年も前から感染してきたといわれていますが、科学者は今日のはしかウイルスはたった100年から200年ほど前に出現したと推定しています。思うに今日のはしかウイルスは前から存在していた系統と比べより適応した存在であり、拡散していく力が強いため前の系統にとって代わるといった現象が世界規模で起きたのでしょう。もうひとつの有名な例はＨＩＶであり、ＨＩＶはウイルスの感染を制御する薬剤に対して、抵抗性を急速に進化させています。実際問題として効果的な治療のためいくつかの抗ウイルス薬を一緒に処方しなければならなくなっており、薬剤耐性能は留められない問題となっています。薬剤耐性ウイルスが非感染のヒトに感染した場合には、治療がより困難なものとなります。進化が早く、抗原性が急速に変化するという理由から、効果的なＨＩＶワクチンをつくるという試みも非常に困難となっています。

ゲノムの変異を解析することはウイルスの歴史を追うためには非常に有効な手段です。１９６０年代に開発された分子時計説という考え方は、１世代間の変異率は同一種であればどの遺伝子にも一律に同じように生じるという主張に立脚しています。ウイルスに当てはめて言い換えると、型が同じ2種類のウイルスが同時に異なる宿主から単離されたとしても、共通する祖先のウイルスからそれぞれ同じ時間分だけ進化してきているということになります。どちらのウイルスも一定の速度で変異を蓄積していると予想されるので、それぞれの遺伝子の変化の程度が、共通する祖先のウイルスから分岐して経過した時間の尺度となるのです。この進化時間を計測する方法は高等生物において、分子時計を用いて推定された起源と化石の地層年代から推定された起源とを比較することで立証されてきましたが、残念なことにウイルスは化石としては記録に残っていません。しかし、科学者は分子時計をウイルス起源の推定に利用し、進化樹（あるいは系統樹）をつくって他のウイルスとの相関度を示しています。ウイルスは高い変異率を持っているため進化するうえで重要な変化が短い期間に観察されます。ＨＩＶに関してはそれが1年に1パーセント程度の割合で起きていると見積もられています。特定の遺伝子にとっての変化の割合は一律一定ですから、遺伝子がより長い期間進化すればするほどより多くの変異を獲得することになります。つまりふたつの相関するウイルスの歴史は、「分子時計」を使って共通の祖先の時代にまでさかのぼることができるのです。この手法ははしかウイルスの歴史を解明するのに用いられました。また、痘瘡（とうそう）ウイルスがラクダやスナネズミのポックスウイルスに最も近縁であるということが示され、これら3つのウイルスはすべて5000〜1万年前に共通の祖先から分岐してきたものであることが予想されています。

ウイルス粒子単体ではエネルギーを産生したりタンパク質をつくったりすることができず生存できないため、一般的にウイルスは生物としてはみなされません。それでもなお、細胞に寄生することができるひとつの遺伝物質であり、細胞内の機構を効果的に利用し自身を複製させることが可能です。それではいったいどのようにして、そしていつ、これらの細胞のハイジャッカーは現れたのでしょうか。

ウイルスの誕生をめぐる説

これは私たちが長年にわたり答えを出せずにいる問いですが、今やウイルスは太古の昔から存在していたということが共通認識となっています。ウイルスは古細菌、真正細菌、真核生物の3つの生物界ドメインのいずれにも感染するという共通した特徴を持つため、ウイルスは3つのドメインに分岐する前の「全生物最終共通祖先（LUCA：last universal cellular ancestor）」とよばれる共通祖先から進化してきたのではないかと予想されています。ウイルスの起源を説明する3つの主要な説を解説しましょう。

まずひとつ目の仮説は、ウイルスは40億年前に原始スープから誕生した最初の生き物ではないかということです。現代のウイルスが増殖するのに必ず細胞に寄生し細胞内小器官を利用しなければならないことを考慮すると、ポックスウイルスなどのDNAウイルスはかつて自立して増殖していましたが、今ではその能力を失ってしまっているのだろうということがこの仮説から考えられます。

2つ目と3つ目の仮説は、どちらもウイルスがDNAという遺伝物質が現れる以前に発生した可能性を支持しています。それは原始的なLUCA細胞の前駆体ともいえる存在が遺伝物質としてRNAのみを利用していた時代のことです。第2の仮説は、そのRNAの一部があるときタンパク質の殻を得てさらに感染性を獲得したものがウイルスではないかというものです。第3の仮説は、ウイルスはもともと原始的なRNA細胞が、より複雑な進化を遂げた他の細胞の台頭により他の細胞に寄生するように退化（進化？）したというものです。これらのふたつの主張はDNAウイルスよりもRNAウイルスの起源についてよく説明しており、科学者は、DNAウイルスは自身よりも古いRNAの相手役として進化してきたと考えているのです。この考察はRNAからDNAを逆転写するレトロウイルスの存在によって支持されています。そこにあるのはDNAからRNAに転写されてタンパク質に翻訳されるという自然な遺伝情報の流れに逆らう過程であり、1970年に逆転写酵素を持つレトロウイルスが発見されるまで誰ひとりとして信じてはいませんでした。おそらくレトロウイルスは太古のRNAと今様（いまよう）のDNAをつなぐ存在なのかもしれません。ウイルスの進化についてはさまざまな仮説が飛び交っていますが、まだまだ謎に包まれた部分が多く、私たち科学者を魅了してやまない研究分野なのです。ウイルスが進化系統樹のどこに位置するのかも未だ解決していません。

ウイルスの分類

20世紀の前半に感染性の謎の実体が実はウイルスであるというところまで理解が進みました。それは細菌をろ過できるフィルターをも通過し、感染性を持ち、細菌用の培地では増殖しませんでした。ウイルスの同定は、1930年代後半の電子顕微鏡の発明により加速し、以来新しいウイルスの発見やウイルスのサイズや形状を調べる際に電子顕微鏡は欠かせない存在となっています。ウイルスがDNAあるいはRNAのどちらか片方だけを持っていることが発見されたことを皮切りに、次に示すような特徴に基づく基準が設けられ、ウイルスを科、属、種などに分類することが可能になりました。

・核酸の種類（DNA、RNA）
・カプシドの形状
・カプシドの直径／カプソメアの数
・エンベロープの有無

1980年代の前半にはじめてウイルスゲノムの全長について配列が読まれると、ウイルスの分類に関して価値のある情報を提供するこの方法が日常的に用いられるようになりました。

実際のところウイルスを発見する技術は日々洗練され、実際の粒子の物理的構造が確認されるよりも先に多くのウイルスが同定されています。こういった場合ではＤＮＡやＲＮＡの分子構造が既知のウイルスのものと比較され、分類が行われています。

１９８９年にＣ型肝炎ウイルスが発見されましたが、そのときはじめて分子プローブが用いられました。Ａ型肝炎ウイルスとＢ型肝炎ウイルスがそれぞれ単離されて以来、ウイルス性肝炎症状を示す多数の患者が病院を恒常的に訪れていましたが、あるときどちらのウイルスにも感染していない患者が現れました。この病気は非Ａ型非Ｂ型肝炎とよばれ、科学者たちは必然的に別の肝炎ウイルスの存在を疑うようになりました。彼らはこの正体不明のウイルスを同定すべく、非Ａ型非Ｂ型肝炎の患者由来の血液をチンパンジーに試験的に感染させ、回収した血液から直接ＲＮＡ断片をクローニングしました。一連のＲＮＡの塩基配列とゲノムの長さおよび構成は、フラビウイルス科のウイルスの特徴を反映していましたが、当時までに知られていたウイルスとは異なるウイルスであることが明らかとなりました。この**新しい**ウイルスはＣ型肝炎ウイルスと名づけられたのです。

ウイルスを同定するためのこうした新しい技術の登場により、ウイルスの研究活動は病気の原因究明という目的の枠を超え、ウイルスが豊富に存在するより広い環境に目が向けられるようになりました。次章ではヒトを取り巻いている「ウイルス圏」(動物圏・植物圏に対する造語。あるいは「ウイルス生存圏」)の広さと複雑さについて述べていきましょう。

第2章

世界中ウイルスだらけ

つい最近までの新しいウイルスの発見の研究計画は、ヒト、動物、植物に病気を起こすウイルスを発見することによって支えられていました。よく知られた例ではＳＡＲＳ（重症急性呼吸器症候群）やＡＩＤＳ（後天性免疫不全症候群）といったものがあります。このためウイルスというものは一般的に病気を起こすものであるという印象を与えていました。しかし、網羅的に環境中の遺伝子を探索する方法が開発されたことにより、これは事実とは大きくかけ離れていることが明らかになってきました。現在ではウイルスは「ウイルス圏」とよぶにふさわしい途方もない多様性と複雑性を持った、非常に膨大なバイオマス（生物の総量）を占めていることが明らかになっています。

地球を席巻するウイルス

微生物は地球上で最も豊富に存在している生命体です。地球全体で5×10^{30}の細菌が存在しており、ウイルスは少なく見積もってもその10倍に上ります。したがってウイルスは地球上で最も多数を占める微生物であるといえます。言い換えれば、ウイルスは他の種の生物をすべて合算した数よりも多く存在していることになります。またウイルスは途方もなく多様であり、1億以上の異なったタイプがあると見積もられています。深海の熱水の噴出口、極地の冠氷の中、高塩濃度の湿地や酸性湖といったまったく快適とはいえないような場所をも含む、生物のすんでいるすべての場所に入り込んでいるのです。「極限環境生物」として知られるある種の古細菌に好まれる場所があります。古細菌や真正細菌に感染するウイルスはバクテリオファージまたは単にファージとよばれ、発射台にのっているロケットにある種似た構造をしています(第1章、図1参照)。

最近のウイルス探索により、形や大きさが驚くほど変化に富んだウイルスが発見されています。最も特筆すべき例は第1章で紹介したミミウイルスです。1992年の肺炎流行時の調査によって、ミミウイルスは偶然に英国ブラッドフォードの水冷塔にすむアカントアメーバの中で発見されました。この巨大なウイルスは当初アメーバの細胞内に寄生する細菌であると考えられていました。そのため数年後に研究者が遺伝子を解析し、最も大きなウイルスであることを明らかにするまではほとんど顧みられることはありませんでした。約600個の遺伝子のうち75パーセントは由来も機能もまったく不明でしたが、ウイルスではかつて発見されたことのない翻訳機構にかかわるものも存在していました。ミミウイルスの遺伝子のうち、古細菌、真正細菌、真核生物の遺伝子と関連性があるものはごく少数しかありませんでした。これらのわずかな情報を用いて系統樹上の位置づけが行われました。驚いたことにこのウイルスは動物界と植物界が分岐する点に位置づけられ、長く興味深い歴史を持っていることが明らかになったのです（28ページの囲み図参照）。

ミミウイルスの発見は単なる珍しい出来事ではありません。私たちは現在、自然界の手を加えられていない水にはウイルスが豊富にいることを知っていて、事実、海においては最も多数を占める生命形態です。海洋は地表の65パーセントを占め、さらに1リットルの海水には10^{10}（100億）のウイルスが存在することから、海洋全体では4×10^{30}にも及び、直線状にならべると1000万光年の距離となります。

大乱戦状態の海洋の中で、ウイルスは何を行っているのでしょうか？　それは重要な意味を

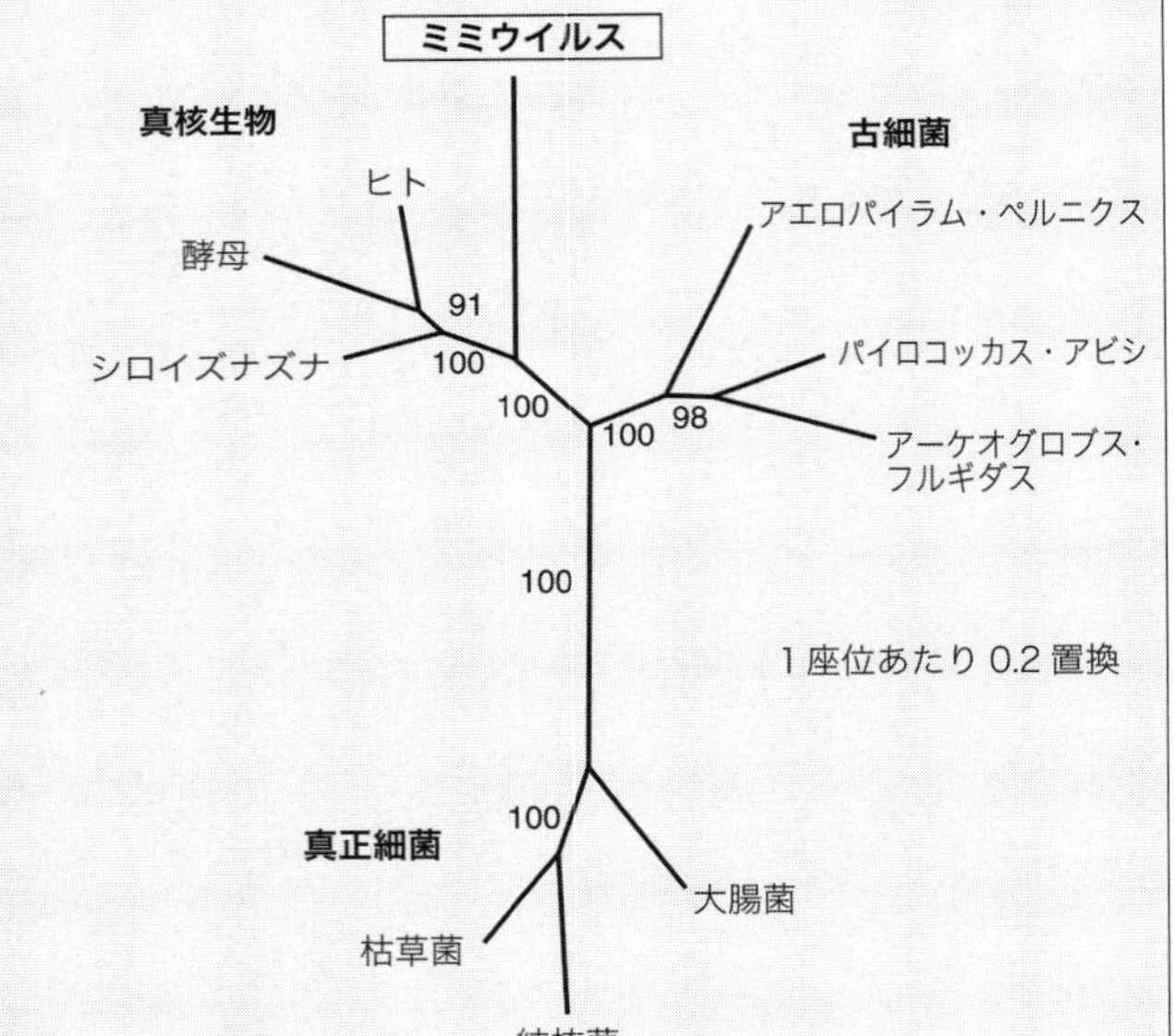

真正細菌・古細菌・真核生物の３つのドメインの生物種の進化系統樹と，保存されている７つのタンパク質から導かれたミミウイルスの進化的位置．

持っているのでしょうか？

生態系における大切なはたらき

この海洋微生物学はまだはじまったばかりの学問です。ロボットを用いて時期や水深の異なった検体採取を行い、大規模な遺伝子解析を行うことによって、私たちは水面下の動物園のような多数のウイルス集団を垣間見ることができ、これが地球上の生命体の維持に必須の役割を持っていることを示唆する手がかりをつかんでいるのです。海洋ウイルスはもちろん海洋動物に対して病気を起こす病原体でもあるので、水産業や生態系保護に対して脅威にもなります。例として挙げると、感染性が高く致死率の高いホワイトスポット病ウイルス(1)が世界中でエビ養殖場に被害を与え、カメパピローマウイルスは野生のカメの存続に脅威を与えています。インフルエンザウイルスのようなアザラシやアシカ類や海鳥にも感染するウイルスは、陸海を移動し、大陸間を渡ることも可能です。しかし、最近の知見によれば、海洋ウイルスは海洋環境に対して隠れた影響を与えていることが明らかになってきて、これらの知見は生態、進化、地球化学的循環に対する私たちの見方に多大な影響を与えています。海洋を漂う生物群であるプランクトンはウイルス、真正細菌、古細菌、真核生物といった微生物を含んでいます。これらの集団は目的もなく海流によって漂っているように見えますが、現在ではこれらは海洋の生態系と複雑に相互依存していることが明らかになっています。

植物プランクトンは太陽光エネルギーと二酸化炭素を用いて、光合成によってエネルギーを産生します。この副産物として地球上の半分近くの酸素が産生され、地球の化学的安定性に欠くことのできないものとなっています。植物プランクトンは動物プランクトンや海洋動物の幼生に食べられ、これがさらに魚類や高次の肉食動物のえさとなることにより、すべての海洋食物網を形づくっています。プランクトンに感染し死滅させることにより、海洋ウイルスはこれらすべての集団の動態やその相互作用をコントロールしています。たとえばよく見かける美しい植物プランクトンであるエミリアニア・ハクスレイ（*Emiliania Huxleyi* 円石藻のひとつ）は通常は非常に広範囲の海面が青色に変わるほどの異常発生を引き起こすので、宇宙から人工衛星で見つけることができます。エミリアニア・ハクスレイの異常発生は発生するのと同様に非常に急速に消滅しますが、この急な成長・消滅のサイクルはエミリアニア・ハクスレイに特異的に感染するウイルスによって制御されているのです。ウイルスはひとつの感染細胞から多数の子孫ができるため、ウイルス数は数時間のうちに増幅され、異常発生した微生物をほんの数日のうちにほとんど殺してしまう速攻部隊としてはたらくのです。

海洋ウイルスのほとんどはファージで、海洋細菌に感染しその数をコントロールしています。しかし、ファージが行っているのはこれだけではありません。ファージは偶発的にひとつの宿主からDNA断片を取り出し、別の宿主にDNA断片を取り込ませることがよく知られています。これによって遺伝子を宿主の細菌の間で迅速に水平伝播させることができます。海洋環境ではウイルスが宿主の遺伝子を捕獲して集団の中に受け渡す「ウイルスによる伝搬（viral sex）」とよばれる行為はよく起こっていることなのです。この無作為の過程によって捕獲された遺伝子が新しい宿主にとって有益であることはあまりありませんが、もし有益であった場合には驚くほどにその種の中で広まって普遍的なものとなります。たとえば、栄養レベルの変化や、深海の熱水の噴出口などで見られる高温、高圧、化学物質の濃度といった極限状況に迅速に適応することを助け、宿主が新しい適所に定着することを可能にするのです。

ファージは動く遺伝子バンクとして機能するだけでなく、ファージの中には宿主の代謝系をサポートする遺伝子を有している例もあります。たとえば植物プランクトンの中で唯一の細菌である藍藻（らんそう）類に感染するシアノファージ（藍藻ウイルス）は、自身の光合成遺伝子群を持っています。ウイルスの遺伝子は感染すると宿主の遺伝子発現を抑えてウイルスタンパク質をつくり、ウイルスの増殖に有利な状態をつくるようにプログラムされています。しかし、そのために宿主自身が行っている光合成の阻害が感染早期に起こると、宿主細胞の生命維持に支障をきたすので、その中で増えるウイルスの増殖自体も阻害されてしまいます。そのためシアノファージは自らが持っている光合成遺伝子群を宿主に供給することによって、光合成反応の停止と宿主細胞の早期の死を回避します。これらのウイルスが光合成遺伝子を広く伝播させたため、世界中の光合成の10パーセントがシアノファージ由来の遺伝子によって行われていると推定されています。

植物プランクトンはエネルギー産生のために太陽光を必要とするので海の表層に生息しますが、ウイルスにはそのような制限はありません。ウイルスとウイルスが感染して殺した細菌が存在する海底の堆積物1キログラムの中には、およそ10^6（100万）もの異なったウイルスがいます。海洋ウイルスは毎日、海洋細菌の20〜40パーセントを殺していると推定されています。海洋微生物の主たる殺し屋であるため、いわゆる「ウイルス切替え（ウイルスシャント）」によって炭素循環に大いに影響を与えています（図5）。

ウイルスは他の微生物を殺すことによりバイオマスを分解し、微生物界で再利用される懸濁態有機炭素あるいは溶存態有機炭素に変換します。つまり、古典的な食物連鎖経路に従えば、

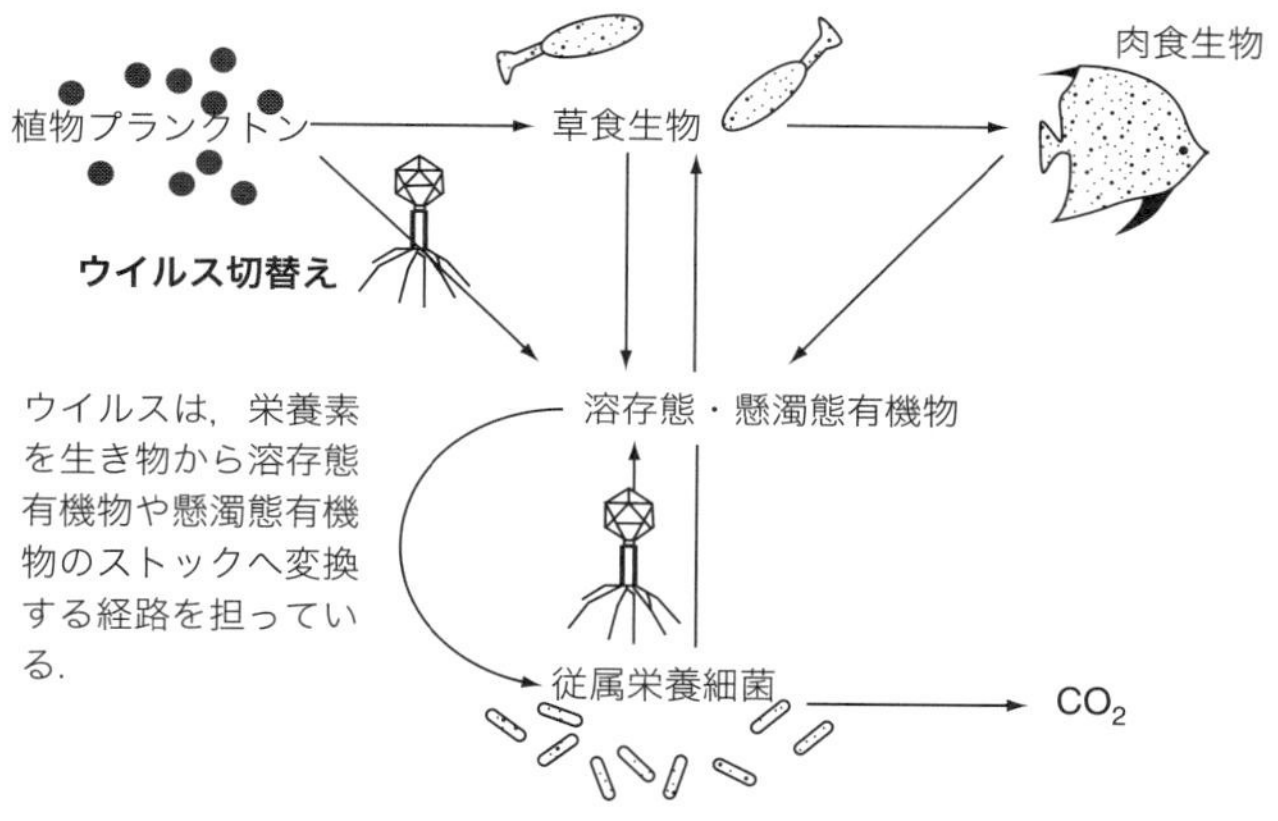

図5　ウイルス切替えを示した地球化学的循環過程の図解.

食物連鎖の上位の階層の生物の生存のために消費されるはずの有機炭素を、別経路としてウイルスの生存のために消費して二酸化炭素を発生させています。このウイルス切替えがはたらかない場合には、多くの懸濁態有機炭化物は沈んで海底に堆積します。このウイルス活動によって毎年6億5000万トンの炭素が放出されます（化石燃料を燃やすことによる二酸化炭素の年間放出量は213億トン）。したがって、ウイルスは大気中の二酸化炭素の発生に大きく寄与しているのです。

現在では海洋には膨大な量のウイルスが存在していることは明らかですが、私たちはこの広大な貯蔵庫について調べはじめたところにすぎません。海洋ウイルスの豊富さ、多様さの発見によって、微生物のすみかとなっている他の場所にも同様な貯蔵庫があるようだとわかってきました。たとえばヒトの腸管にはヒトの細胞数の12倍もの数の細菌がいます。ウイルスは小さいにもかかわらず、世界の生態系を安定させるのに最も重要な位置を占めています。

持ちつ持たれつ

地上に話を戻すと、ウイルスは驚くほどの偉業を行うことが発見されてきています。たとえば、細菌とその宿主の一見単純な共生関係における直接的な役割が明らかになりました。多くの無脊椎動物は動物の食物に欠けている栄養素を供給するため、あるいは天敵から身を守るための共生細菌を持っています。ひとつの例としてエンドウ豆につくエンドウヒゲナガアブラムシ（*Acyrthosiphon pisum*）がいます。エルビアブラバチ（*Aphidius ervi*）はアブラムシの体内に産卵し、アブラムシはハチが幼虫に成長すると死んでしまいます。ところが、アブラムシにはハミルトネラ菌（*Hamiltonella defensa*）という細菌が共生していて、ハチの幼虫は共生細菌が産生する毒素によって殺され、アブラムシはハチから身を守ることができます。この意外な関係はつい最近、ハチを殺す毒素はハミルトネラ菌に感染するファージが持ち込んだものであるという発見によって明らかになりました。[2] つまり、共通の敵である寄生蜂に対してまったく異なった3つの生物がともに戦っているのです。

ヒトにコレラを引き起こすコレラ菌（*Vibrio cholerae*）においても、同様にファージが毒素を供給している例があります。コレラ菌はガンジス川のデルタ地域の水中で、この細菌に感染する多種類のファージとともに生息しています。これらの中にはコレラ菌を殺す溶菌性ファージも存在しますが、一方でコレラ毒素遺伝子を持っていて（毒素産生性ファージという）、感染してもコレラ菌を殺さず、コレラ菌のＤＮＡに組込まれコレラ毒素を産生する役目を果たす溶原性ファージも存在します。毒素遺伝子を持ったファージに感染している細菌だけがヒトに病原性を持ち、しばしば大規模で致死性の下痢を引き起こします。

通常、コレラの流行は雨季にはじまります。川が増水するためにコレラ菌を殺すファージの濃度が薄まり、コレラ菌が増殖できるようになるためです（図6）。人々は川の水を飲むことにより、毒素産生性ファージを持つコレラ菌、もしくは持たないコレラ菌を摂取します。しかし、毒素を産生するコレラ菌がヒトの腸管で生き残り増殖します。これにより激しい腹痛や水様性下痢を起こし、急性の脱水症状を起こすとともに、大量の毒性細菌を環境に放出することになります。その結果、環境中の毒性コレラ菌の濃度が上昇し、さらに流行が広がります。し

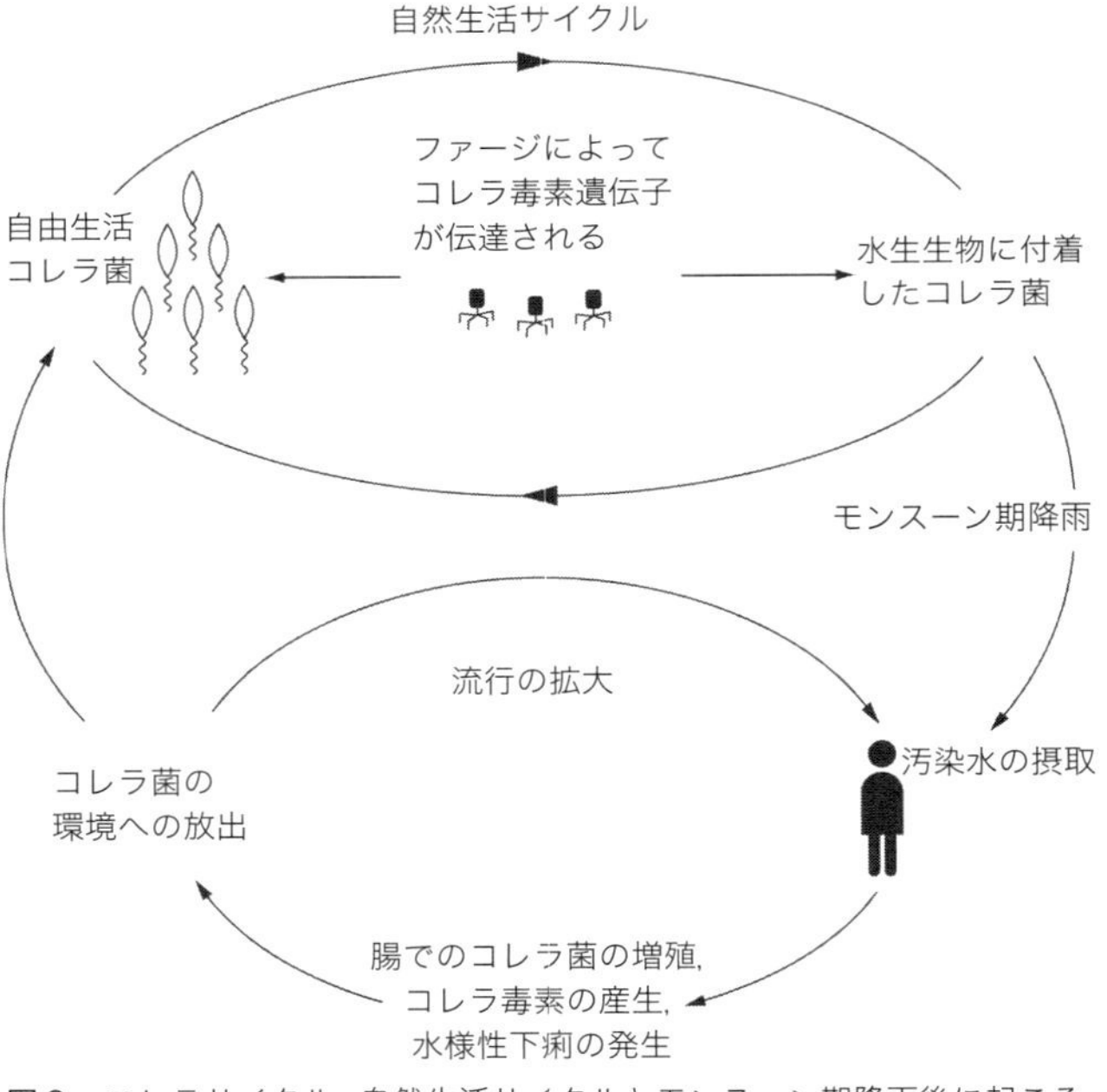

図6　コレラサイクル．自然生活サイクルとモンスーン期降雨後に起こる流行の拡大．

かしコレラ菌が増えることによって、これに感染する溶菌性ファージ（コレラ菌を殺すようはたらくファージ）も爆発的に増加します。結果的に溶菌性ファージが毒性細菌を殺して、ふたたび大量の降水によって上記の出来事が起こるまでの間は元の自然のバランスに戻ります。

宇宙にもウイルスはいる？

宇宙にウイルスがいる可能性を議論せずに、ウイルスの普遍性についてのこの章を終えることはできません。もちろんウイルスは偏性寄生体（生きた宿主に寄生しないと増殖できない寄生体）なので、生命体が発見されるところにしか存在しません。したがって質問は、他の惑星に微生物やその他の生命が存在するのか、ということになります。現在ではこの疑問に対する回答は明らかになっていませんが、１９７０年代に有名な天文学者でＳＦ作家でもあるフレッド・ホイル卿が「胚種広布説（はいしゅこうふ）（パンスペルミア）」を考案しました。この仮説では地球上の生命は、宇宙から隕石によって運ばれてきた細菌とウイルスが起源となったとされています。ホイルとその支持者は、現在でもこれらの微生物が地球に到来し続けていて、微生物の進化や新興感染に寄与していると信じています。隕石の内部は微生物が成長するのに必要な暖かく湿った環境を与えることができるかもしれません。そうだとしても、火星の物質の徹底的な調査の結果、この理論を支持する確固たる証拠は現在のところもたらされていません。

水は生命の基本的な必要条件であることを私たちは知っています。多くの科学者は宇宙の広大さと想像できないほどの星が存在することから、どこかに生命がいるに違いないと信じています。もしそこに生命があれば、そこにウイルスがいる可能性があります。しかし、私たちはまだ結論を出せていません。

次章では、日常的に行われているウイルスと宿主植物あるいは宿主動物との戦いについてみることにしましょう。生存のための戦いにおいて、宿主はウイルスの攻撃から自らを守るメカニズムを進化させてきました。しかしウイルスは常に、新たな逆襲作戦を進化させています。現在進行中の長年にわたる武装競争は、ヒトの免疫系を精巧なものにしていき、私たちの生存を可能にしてきました。

（訳注1）ホワイトスポット病ウイルス（ＷＳＳＶ：white spot sydromevirus）はニマウイルス科（Nimavirida）ウィスポウイルス属（Whispovirus）に分類されています。十脚目のエビ・カニ類が感染し、外骨格に白斑あるいは

白点が現れ、体色が赤変もしくは褪色化します。エビの養殖に大きな被害を与えます。

（訳注2）寄主体内でふ化した幼虫は、はじめに生命維持とは関係ない卵巣や脂肪体を食べて成長し、最後に消化管、背脈管、気管などを食べます。アブラムシはこの時点で死亡します。アブラムシに寄生するハミルトネラ菌にはいくつかの溶原性ファージが感染することができます。毒素を持ったファージに感染している細菌が共生している場合、アブラムシはハチに対して抵抗性となります。

第3章 殺すか殺されるか

ウイルスはすべての生物に寄生し、宿主にダメージを与えますが、ウイルスは一方的に寄生できているわけではありません。すべての動植物は、小さくても原始的でも、とても小さい侵略者であるウイルスを認識し戦う方法を発展させてきました。そのためほとんどのウイルスにとって、感染サイクルにかかる時間は非常に重要です。宿主が死ぬか宿主の免疫機構がウイルスを認識し排除する前に、ウイルスは複製しなければなりません。さらには、そこで複製されたウイルスは、種の保存を目的に、感染し永久にライフサイクルをくり返すために、新しい宿主を見つけなければなりません。免疫からの攻撃を免れ宿主の中で快適に過ごすウイルスでさえ、やがては宿主の死を避けるために、移動しなければなりません。

生き残りのための進化と適応

ウイルスがうまく生き抜くためには、感染しやすい宿主間を効率的に移動することが重要で、さらにこの過程では、感染していたウイルスは宿主に、次のウイルス粒子が入り込む余力を残しておく必要があります。すべての脊椎動物やいくつかの原始的な生物は特定のウイルスの再感染に対して防御力がありますが、それにもかかわらずウイルスが生き残ることができるのは驚くべきことです。

ウイルスはとても適応力があり、耐久力もあります。彼らはすばやく複製し多くの子孫をつくり出すことから、彼らが環境の変化に適応するために急速に進化しているということがわかります。確かに、多くのウイルスが複製し拡散するルートが閉ざされたときに、多くのウイルスは絶えてしまいましたが、それと同時に一部のウイルスは、新たに開かれたルートを見つけ、生き残ってきたのでしょう。このように、ウイルスは適した環境へ次から次へとすばやく拡散します。たとえば、２００年近く前、現在のはしかウイルスがどのようにして地球規模でその祖先にとって代わったのか、また海のファージウイルスが宿主から遺伝子を盗むことで、どのように順応して継続的に進化しているのかを私たちは目の当たりにしてきたのです。

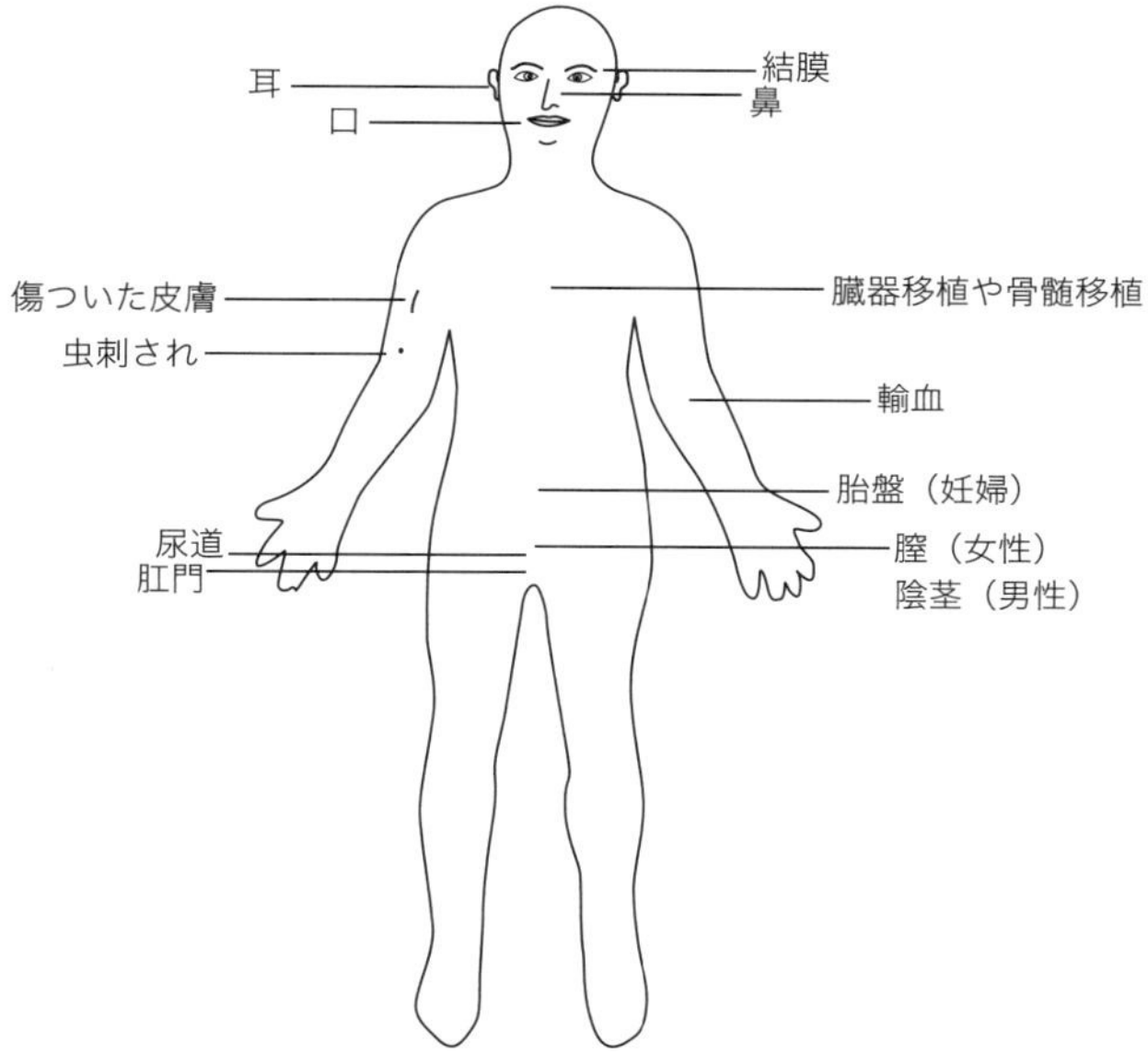

図７　人の体にウイルスが入り込む部分.

ウイルスは、考え得るほとんどすべてのルートによって、宿主間を広がります（図７）。少しの間なら宿主の体外でも感染性を保持できるウイルスがいますが、それらのウイルスは、インフルエンザウイルス、はしかウイルス、一般的なかぜウイルスのように大気中を移動するかもしれませんし、ひどい下痢や嘔吐を引き起こすノロウイルスやロタウイルスのように、とくに衛生環境がよくない状況で、食べ物や水を汚染することにより移動するかもしれません。

これらのウイルスは、継続的に

進化することによって、まるでそれはある宿主からまた別の宿主へと広がっていくという驚くほどに洗練された術を磨いているかのようです。たとえば、一般的なかぜウイルス（ライノウイルス）は鼻腔にある細胞に感染し、神経末端をくすぐります。これにより、くしゃみが出ます。これらのウイルスの「爆発的な増加」が起こると、ウイルスを含んでいる大量の粘液が排出され、他の宿主に吸い込まれるまで大気中を漂っています。同様に、ロタウイルスは腸内の細胞を一掃することにより、腸腔からの液体の吸収を阻害します。これによりひどい下痢や嘔吐を引き起こし、ウイルスの子孫が新しい宿主に到達するように効率的に体外へ放出します。

さまざまな媒介

うまく生きている他のウイルスは、昆虫を通じてある宿主から別の宿主へ伝播されています。植物ウイルスは樹液を飲むアブラムシを介して広がっており、同様に刺咬(しこう)昆虫はある宿主からウイルスを吸い上げ、血液をえさとして摂取している間に、別の宿主にそのウイルスを注入します。またデング熱ウイルスや黄熱ウイルスは、卵を養うために血液を必要とするメスの蚊を介して、宿主間を伝播されています。これらのウイルスは、特定の宿主となる蚊が生息する熱帯または亜熱帯地方で伝染病を大流行させます。

ウイルスは、皮膚の表面や死細胞に感染したり、無傷の複数の層からなる皮膚を通ったりすることはできませんが、小さな皮膚の擦り剥けがあれば、イボ（パピローマ）ウイルスや口唇（こうしん）ヘルペス（単純ヘルペス）ウイルスは十分入り込んでしまいます。このふたつのウイルスのように、感染された宿主から別の宿主に直接感染する方法は一般的です。しかし、虚弱すぎて宿主の体外で長い間生きることができないウイルスは、キスのような密接な接触によって、宿主間を直接移動するのでしょう。たとえばエプスタイン－バーウイルス（ＥＢＶ：Epstein-Barr Virus）のように、唾液中でウイルスを伝染させるという効率的な方法をとります。ＥＢＶは腺熱（せんねつ）を引き起こし、「キッス病」として知られています。ＨＩＶやＢ型肝炎ウイルス（ＨＢＶ）のようなウイルスは、とくに、淋菌（りんきん）や梅毒トレポネーマ（梅毒の原因）のような性的に伝染する他の微生物が表面に潰瘍（かいよう）をつくり、簡単に接触できるようになっているときに、性的なルートを使って感染します。これらのウイルスもまた、手術器具や歯医者のドリル、輸血、臓器移植のような近代的な道具や技術を介して、ある宿主から別の宿主へ移動します。実際、Ｂ型肝炎ウイルスはとても高い感染力を持ち少量の血液で伝染してしまうので、Ｂ型肝炎ウイルス感染者と接触している医療従事者は職業上、非常に危険にさらされています。

ウイルスに対する防御戦略

すべての生物は、侵略してくるウイルスに対して防御機構を持っています。この防御機構である免疫は脊椎動物で高度に発達しており、ヒトで最も発達しています。最も単純な生物でさえ免疫機構を持っていますが、その多くは脊椎動物の免疫機構と大きく違います。これらの機構の詳細を知るにはまだまだ長い道のりがありますが、この機構に関して現在新たな事柄がどんどん明らかになっています。以前は、すべての脊椎動物には免疫記憶があると考えられていましたが、同じ病原体をくり返し宿主に曝露する研究から、いくつかの原始的な脊椎動物においても、その後続く感染に備えて、最初の感染時に防御機構が発動するということが示唆されており、いくつかの基本的な記憶反応は下等動物にもあるということも示唆されています。

最近、別の防御機構も発見されました。ＲＮＡ干渉（ＲＮＡｉ）による遺伝子サイレンシングです。最初は植物で同定されましたが、昆虫やその他の動物種でもこの防御が使われていることがわかってきています。ＲＮＡを干渉するのは、ヒトを含むほとんど大部分の種の細胞内で存在する短いＲＮＡ分子です。その分子は細胞内でメッセンジャーＲＮＡ（ｍＲＮＡ）に結合し、タンパク質への翻訳を妨げることによって、タンパク質の生産を制御します。ウイルスが細胞に感染し、細胞内のタンパク質生産過程を乗っ取る際、ＲＮＡｉ分子はウイルスのｍＲ

ＮＡに結合してタンパク質への翻訳を阻害するため、新しいウイルスが構築される前に感染を止めさせてしまいます。最近、ＲＮＡｉと同じような免疫機構が古細菌や真正細菌においても見つかりました。その免疫機構は、古細菌や真正細菌がファージの攻撃を迎え撃つのを手助けします。このシステムにおいて、ファージを攻撃することによりできる短い遺伝子断片は、宿主に組込まれます。そしてこれらの断片は、侵入者のタンパク質に特異的に結合し、そのあと続くタンパク質合成を抑制するＲＮＡをコードします。そうすることで、新しいウイルスが構築される前に感染を防ぎます。

ヒトと病原体との戦いがヒトの進化とともにずっと続いていることは明らかです。新しい攻撃方法を発達させる微生物と進化させた防御で応戦している免疫機構との間で、ますます戦いはエスカレートしています。ウイルスの世代交代は私たちヒトよりもかなり速く、新しいウイルスに対するヒトの遺伝的抵抗性の進化はかなりゆっくりであるため、常にウイルスが優位な立場にあります。

なぜＨＩＶ感染に対して抵抗性のある人がいるのかという研究において、遺伝的要因が最近発見されました。これはＨＩＶ感染に非常に重要であるタンパク質をコードするＣＣＲ５とよばれる免疫応答遺伝子に関係があることがわかりました。コーカサス地方の人口の約10パーセントはCCR5中に欠損があり、HIV感染に対する抵抗性があります。どのようにして10パーセントもの人々にこの欠損が保持されることになったのかは未だ謎に包まれたままです。確かにCCR5に欠損があると、HIV感染を偶然にも防ぐことができます。しかし、遺伝子の変異がヨーロッパやアジアをまたいでいる今回のように、地理的に広範囲で10パーセントもの高レベルに達するには多くの世代を要するので、HIVに対する抵抗性ゆえにこの変異が保存されたというにはヒトとHIVの歴史は浅すぎます。むしろ2000年以上もの間、天然痘などの致死的な伝染病を防いでいく中で、過去にCCR5の欠損に選択優位性が与えられてきたに違いないと、科学者は考えています。

免疫のしくみ

ヒトの免疫システムは、高い殺傷力を持つおそろしい戦闘機構です。特異性は低いが迅速なモードと、スピードは速くないが特異性が高いモードというふたつの作動モードがあり、後者は攻撃してくるものを覚え、ふたたび体への侵入を防ぐものです。ウイルスはしばしば、呼吸器官や腸管、尿管や生殖器、皮膚の深い層、眼の表面の細胞に感染することによって体内に入り込み、その後内臓に感染するためにこれらの場所から広がっていきます。最初の感染部位では、細胞はサイトカインとよばれる化学的なシグナルを送ります。これらの初期シグナルで最も重要なものは、インターフェロンです。インターフェロンは、感染部位に免疫細胞を引き寄せて、攻撃をはじめるよう免疫機構に警報を出します。またそれと同時に、周りの細胞に感染に対する抵抗性を持たせます。マクロファージとよばれるアメーバのような細胞は、感染部位に到着すると、まずそこでウイルスやウイルスに感染された細胞を貪食します。それと同時に、ヒトの免疫反応において重要であるリンパ球の集団を引き寄せるため、さらにサイトカインを産生します。伝統的にこれらのリンパ球は、誘導する免疫反応のタイプに基づいてBリンパ球やTリンパ球とよばれています。

体のそれぞれの場所は、数百万ものBリンパ球やTリンパ球が守備隊として務めているリンパ節によって守られています。たとえば、扁桃（へんとう）や咽頭（いんとう）扁桃腺は、呼吸器系や消化器系へウイルスが侵入する場所の近くに戦略的に置かれており、股の付け根やわきの下、首にある同様の腺は、それぞれ足、腕、頭を守ります。感染部位からこれらの局所的なリンパ節へ、ウイルスを貪食するマクロファージは進み、そこでマクロファージは特異性の高い免疫反応を引き起こすために、貪食したウイルスタンパク質をBリンパ球とTリンパ球に対して提示します。

個々のBリンパ球とTリンパ球は独特のレセプターを持っており、そのレセプターは抗原とよばれるある特定のタンパク質の小さなひとつのペプチド断片だけを認識します。考えられる限りの病原体の抗原に対応するために、私たちの体では2×10^{12}個ものBリンパ球とTリンパ球が血液中を循環し、骨髄中の血球工場から継続的に補充されています。リンパ球はリンパ節に集まり、特定のレセプターに正確に適合する抗原を提示するマクロファージによってよび起こされるのを待っています。この適合がついに起こると、レセプターと抗原の結合体はリンパ球を刺激し、その結果、リンパ球は同一のレセプターを持つ細胞のクローンを形成しながら、すばやく増殖します。これらは一般的には、最初の感染後1週間で準備ができます。

Tリンパ球（またはT細胞）は、ウイルスに対する防御の要です。T細胞にはおもに2種類あり、ヘルパーT細胞は細胞表面のCD4分子により特徴づけられており、キラーT細胞は細胞表面のCD8分子により特徴づけられています。CD4 T細胞とCD8 T細胞は、細胞膜を破裂させる毒性化学物質を産生し、ウイルス感染細胞を殺します。CD4 T細胞はまた、CD8 T細胞やBリンパ球が適切に増殖し、成熟し、機能するのを手助けするようなサイトカインも産生します。

一度Bリンパ球（またはB細胞）が特定の抗原によって刺激されると、抗体をつくります。抗体は血液中に溶解し循環している分子で、組織の中や腸の内壁のような体の表面を通ります。抗体はウイルスやウイルス感染細胞に結合し、ウイルスが拡散するのを防ごうとします。いくつかの例では、抗体は実際にウイルスが入り込むためのレセプターをブロックすることによって感染を防ぐことが知られており、後の再感染の防止に重要です。

ウイルス感染制御でのT細胞とB細胞の重要性の違いは、リンパ球もしくは他のタイプのリンパ球の機能を妨げる珍しい変異によってうまく説明できます。T細胞が機能しない変異を持って生まれた子どもは、その欠陥を正常にするために骨髄移植をするまで無菌の部屋の中で過ごさない限り、ウイルス感染によって幼いうちに命を落としてしまいます。一方、B細胞の発達を妨げる変異を持つ子どもは、ウイルス感染に対してまずまずうまく抵抗しますが、がんこで容赦のない細菌や真菌の感染に苦しみます。しかし、彼らが生まれて最初の数か月は、妊娠後期に胎盤を通り、または母乳中に含まれている母親の血液由来の抗体によって、（健康な赤ちゃんと同じように）これらの感染から守られます。

病原体に対する免疫反応は、制御性T細胞とよばれる細胞のグループによって、侵入者と戦う細胞のつり合いがとられているので、複雑であるものの繊細にバランスが保たれて機能しています。これらはT細胞の感染細胞を殺す機構を弱めると同時に、増殖を止めるサイトカインを産生するため、病原菌が負けるとそこで戦っている細胞は死に、反応は止まります。病原体がふたたび現れたときにすばやく反応できるように、基幹要員である記憶T細胞と記憶B細胞は残したままです。

その免疫反応はとても激しいため、反応中に実際、自身の体を傷つけてしまいます。事実、急なインフルエンザの感染のときなどの発熱や頭痛、リンパ節の腫れ、疲労を感じるといった症状は、ふつう病原菌の侵入だけでは引き起こされませんが、病原菌と戦うことで免疫細胞から産生されるサイトカインによって引き起こされるのです。まれに、これらの免疫誘導反応によって内臓が傷つけられるおそれもあります。これらはいわゆる免疫病理学的に知られていることです。たとえば、肝臓のダメージは、肝炎ウイルスの感染によって引き起こされ、ひどい疲れはエプスタイン-バーウイルス（EBV）による腺熱（せんねつ）によって引き起こされます。もしくは、ウイルスタンパク質に特異的なT細胞や抗体は、偶然に似ている宿主のタンパク質も認識し交差反応を起こします。これらの結果、そのタンパク質を発現している細胞にダメージを与えるか、その細胞を死なせることもあります。この自己免疫の過程は、糖尿病や多発性硬化症のような病気の基本的しくみといってもよいでしょう。糖尿病はすい臓にあるインスリンを産生しているβ細胞が壊されることで起こり、多発性硬化症は、中枢神経システムで細胞が壊されることにより発症します。

ウイルスが生体防御から逃れるメカニズム

いくつかのウイルスは、長期間、ときには宿主の生涯にわたって攻撃を逃れ、自分自身を守り宿主内に生き残るために、免疫細胞から隠れる方法を知っています。これらのウイルスによって採択される戦略はさまざまであり、免疫認識から逃れたり、免疫反応を妨害したりするようなものがあります。詳細は第6章で述べていますが、初期のインターフェロンの放出から、キラーT細胞による攻撃、さらにそれに続く制御性T細胞による炎症の収束化まで、免疫反応のそれぞれの段階は、ウイルスの生き残りのために制御を受けるとだけいっておきます。

たとえば、HIVが免疫反応から逃れる方法はいくつか知られており、宿主のDNA断片のように変装して、宿主細胞の遺伝子にプロウイルスを導入したりします。しかしこの状態では、ウイルスが複製する際、まだ潜在的に免疫攻撃にさらされているのと同じです。この攻撃にあわないよう、HIVは、T細胞や抗体による認識を避けるために急速に変異して自身の表面タンパク質の構成を変えます。HIVはまた、免疫反応を惹起させるCD4 T細胞に感染し、この細胞を壊します。そのため、感染が進行し宿主の免疫が衰退するにつれて、体がもはや制御できない他の「日和見性の」病原体とともに、見つかることなく体内で増殖することができます。

ほとんどのウイルスはしっかりとした免疫を誘導するので、宿主が一度感染から回復すると、宿主は同じウイルスによるさらなる攻撃に対して抵抗性を持つようになります。この自然に起こる免疫の原理を利用したものが、ワクチンです。ワクチンは、死活化したあるいは改変されたウイルス、もしくはウイルスの一部からつくられます。これは、まるで自然感染が起こったかのように免疫システムをだまして反応させることで、後の攻撃を防ぎます。これら多様なワクチンは、蔓延したウイルスの病気を防ぐために開発、使用され、ときには第8章で述べるように病原性のウイルスを完全に全滅できるケースもあります。

第4章 新興ウイルス感染症

新興ウイルス感染症は、未知微生物の前ぶれのない出現であり、とくに際立った無差別感染によって集団死が起きた場合はときに人々をパニックに陥れます。もっともこのようなシナリオは現実というよりパニック映画によく出てくる話ですが、現代社会では新しい微生物が次々に出現し、それが増加傾向にあるという事実に変わりはありません（図8）。実際、２００３年のＳＡＲＳコロナウイルスや２００９年の新型インフルエンザウイルスのアウトブレーク時には、その原因病原体が見つかって制圧作戦が実行されるまで、これらの感染症は人類を特別な恐怖に陥れました。

本章での「新興ウイルス感染症」とは、その宿主にとってまったくの新種のウイルスによっ

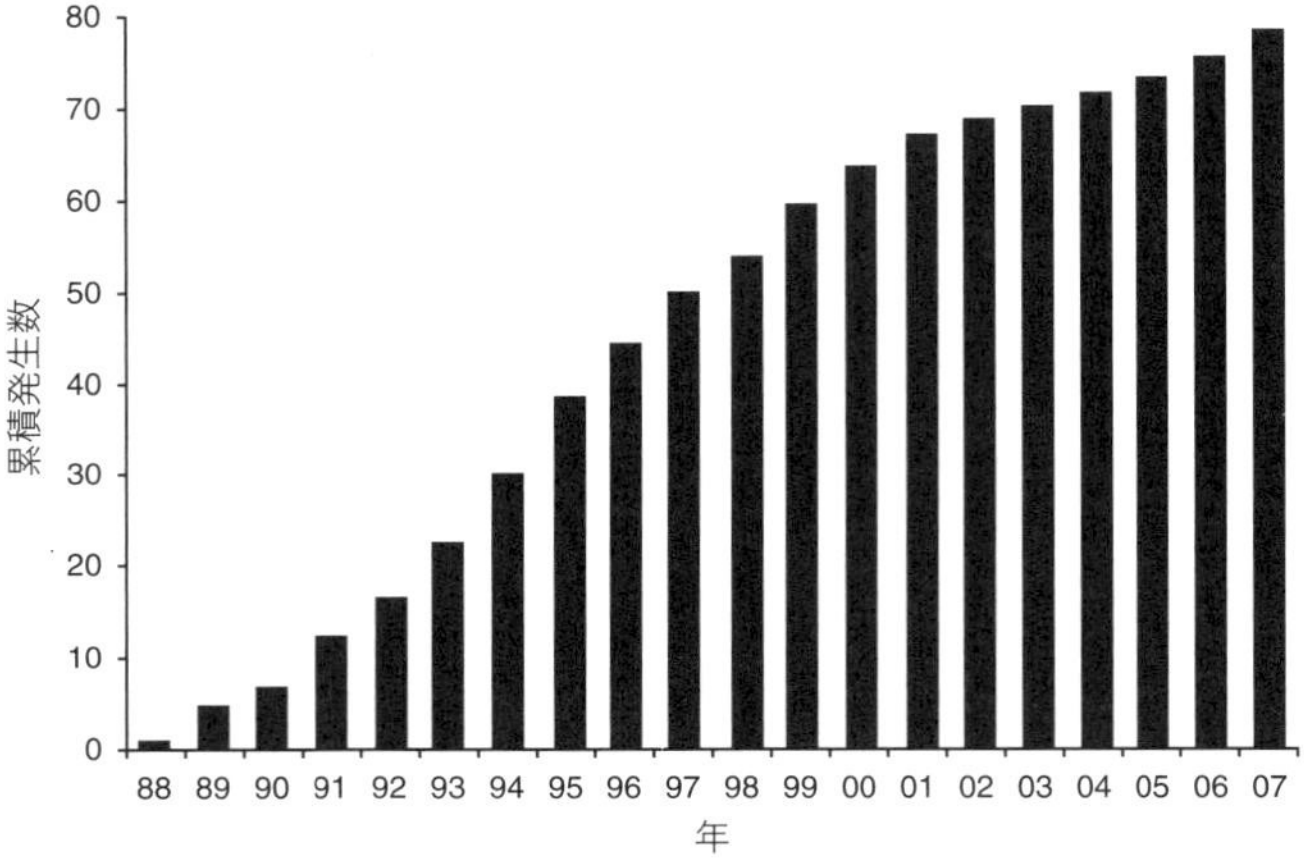

図8　1988年から2007年までのヒト新興ウイルス感染症の累積発生数.

て引き起こされる新たな感染症のことです。既知の感染症がかつて多かった地域あるいはこれまでとは違った新しい地域で発生したものは、再興感染症を意味します。ブタ由来ならびにトリ由来の新型インフルエンザウイルスやSARSコロナウイルス感染症は、ヒトの集団にはじめて感染して広がったので、前者の新興ウイルス感染症の最近の事例として挙げられます。中東イスラエルに由来するウエストナイルウイルスが1999年にアメリカ東海岸に出現し、そして、わずか4年でアメリカ大陸を横断した例は、再興ウイルス感染症の典型例です。新たに発見されたウイルスが、これまでよく知られていた疾患の原因病原体であると認められ、ときに新興ウイルス感染症とよばれることもあります。本章では触れませんが、第6章で述べているある種のがんウイルスなどがそれにあたります。

新興ウイルスの伝播——SARSを例に

そのウイルスの感染を経験したことのない集団では新興ウイルスは急速に伝播し、その結果、流行予測より早く広がる地域流行（エピデミック）となり、さらに、複数の大陸で同時進行となる汎発流行（パンデミック）となります。しかしその感染流行がエピデミックであるのかパンデミックであるのかの判断基準は、その感染症のアウトブレークの範囲ならびにその流行期間の長短に左右されるものではありません。新興ウイルス感染症がアウトブレークを起こすパターンはそれぞれに違いがあり、潜伏期間、伝播様式、感染宿主の行動様式、すなわち、感染個体の長距離の移動が可能なのか、予防的措置が可能かなどの種々のウイルス側の要因に起因します。HIVもSARSコロナウイルスもごく最近出現したウイルスですが、それらのアウトブレークのパターンには大きな違いがあります。SARSのエピデミック流行は数か月という短期でかつ一過性でした（図9）。一方、HIVのパンデミック流行は数十年も続き、感染者数はいまだに増加しています（図10）。

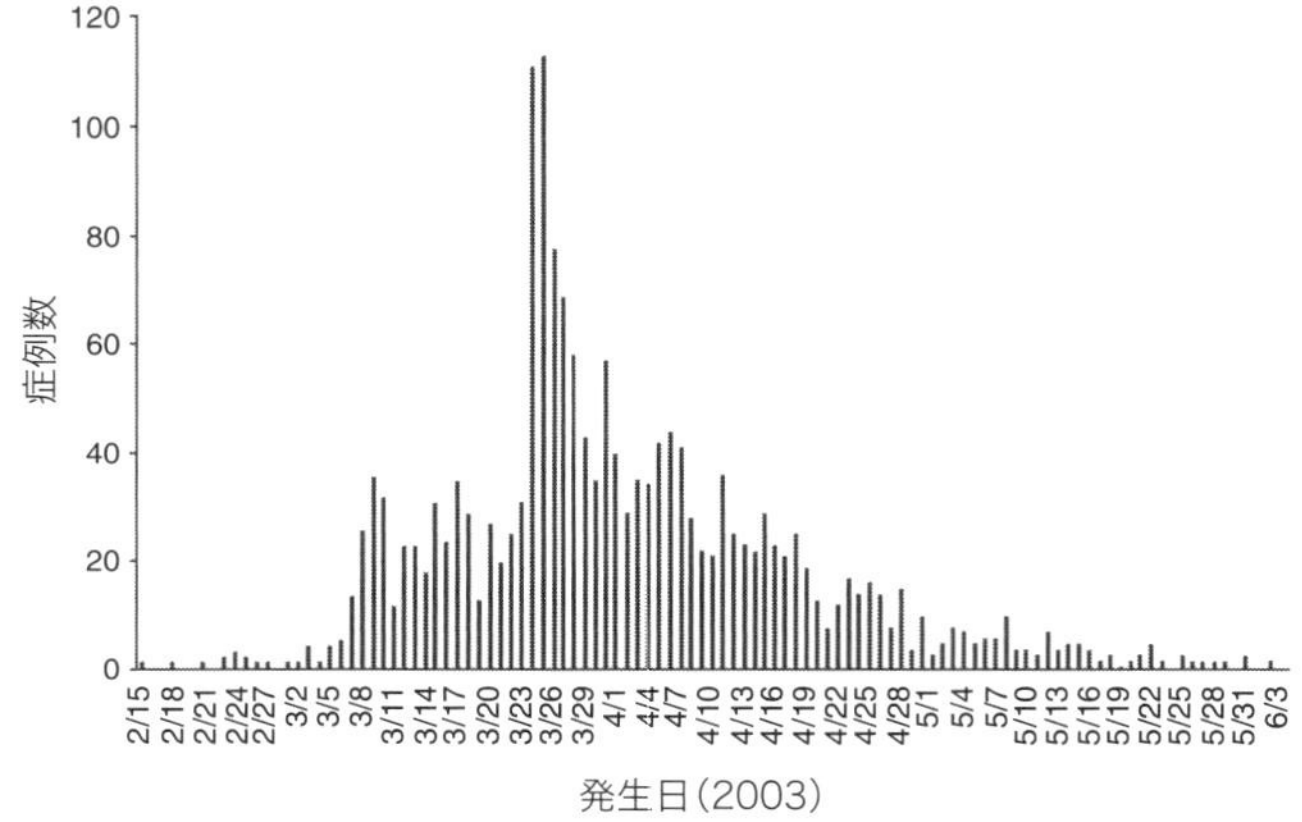

図 9　香港における SARS の発生数. 2003 年 2 月から 6 月の 1 日あたりの新規 SARS 症例数を示している.

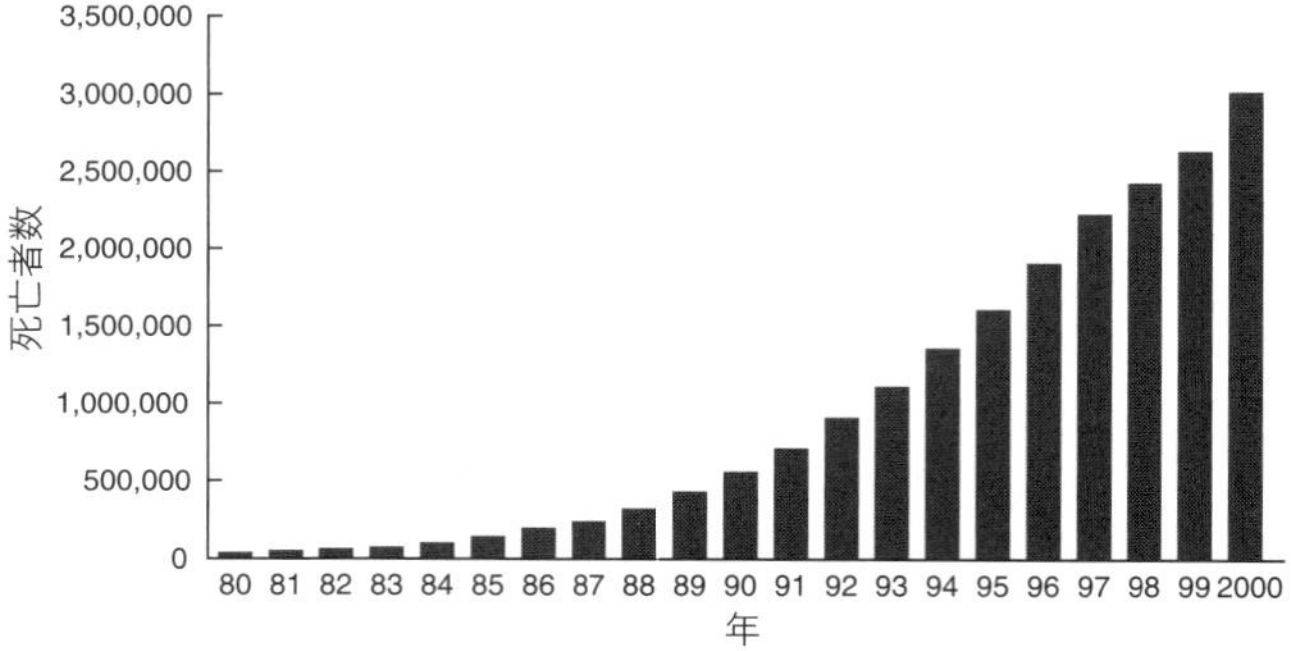

図 10　1980年から 2000 年までの AIDS 関連死亡者の総数推測値.

SARSコロナウイルスは、中国広東省の仏山（フォーシャン）市にて2002年11月に非典型肺炎のアウトブレークの起因病原体としてはじめて現れました。ウイルス出現当初は、この感染伝播は患者家族や病院スタッフなどに限定されていましたが、広東省でSARS患者の治療を担当していたひとりの医師が自らウイルスにすでに感染しているとの自覚なく、2003年2月に香港にウイルスを持ち込んだことによって、すべてが変わってしまったのです。彼は香港のメトロポールホテルにひと晩宿泊し、翌日にSARSを発症したために入院し、その入院先の病院で数日後に死亡しました。そして彼が入院した病院で、SARSコロナウイルスは病院スタッフに感染し、香港市全体に広がるエピデミック流行になったのです。この医師の24時間のホテル滞在の間に、彼は少なくとも17人のホテル客にウイルスを伝染（うつ）しています。彼がエレベーターの中で鼻をかんだためかもしれません。そして、このウイルスに感染したホテル客が5か国以上の国々（カナダ、ベトナム、シンガポールなど）へウイルスを運び、連鎖的に広がるエピデミック流行を起こしました。このウイルスの急激な感染伝播は、パンデミック流行が今まさに起きているのではないかと人類を恐怖に陥れましたが、驚くべきことに2003年7月にはこの感染伝播は収束しました。5つの大陸で29の国々を巻き込んだSARSの全患者数は約8000人、その全死亡者は800人であると公表されています。

ＳＡＲＳコロナウイルスは呼吸器感染により広がり、感染したほとんどすべての人にその病気を引き起こします。潜伏期間は2～14日で、患者には発熱、悪寒、筋肉痛、咳などの症状がみられ、ときに進行性のウイルス性肺炎に悪化し、感染者の約20パーセントは、ＩＣＵでの人工呼吸器の装着が必要となるほど重症化します。しかし、ＳＡＲＳコロナウイルスに有効な特異的治療法やワクチンがまったくないことを思えば、その流行に対する対策はきわめて有効でした。

感染者が増大するままにしていたら、ＳＡＲＳコロナウイルスは間違いなく人類の破滅を招いたと考えられます。しかし幸いにもこのウイルスの特徴から感染拡大を阻止できる方法が見つかり、すばやい終結に導くことができました。重要なことは、このウイルスはわずかの例外をのぞき、ほとんどの感染者で明らかな臨床症状を起こすことでした。このため、その症例と接触者を識別して隔離が可能となり、犠牲者は症状が進行した感染者に限られ、さらに連続した感染の拡大を防ぐことができたのです。また、その臨床症状は通常は重篤かつ衰弱を招くものであるために、広東省のあの感染した医師の例外はあるものの、感染後にほとんどの患者は遠方への旅行には行けませんでした。ＳＡＲＳでは、ウイルスは肺の中で産生され、咳によって他人への伝播が起きます。この咳によって放出される比較的粘性の高い飛沫液にウイルスは混入しているようで、通常の空気を吸っただけでは伝播しません。すなわち、家族や入院先の病院スタッフのような密な接触者に感染の危険性があり、病院スタッフを介する感染伝播が全世界の症例の20パーセントを占めていました。いったんこのような要因がわかると、古典的な感染防止対策下の看護、患者の隔離、そしてこのような接触の制限が、ウイルスの伝播抑制とパンデミック化の阻止に有効でした。

HIV制御の問題点

ところがSARSとは違って、HIVは1900年初頭からヒトの間で広がっており、現在はHIV感染を抑制する薬剤があるにもかかわらず、世界のいくつかの場所では未だに感染者数は増加しています。現在、3300万人がHIVに感染しており、1981年に最初のAIDS患者が報告されて以来、2500万人以上の死者が出ています。このようにHIVの感染伝播を制御できないのはなぜか、うまくその感染を終息できたSARSの制圧対策と比較すると興味深い違いが見えてきます。

1番目に、SARSコロナウイルスは国際的に感染が広がったことで国際保健機関（WHO）によって認識されましたが、感染が広がったのは数か月の間のみでした。これに比べて

ＨＩＶは、約１００年前からの貧困、戦争、十分でない医療サービスが相重なりその感染を広げ、そして、ＡＩＤＳという新しい病気の認識がまったくなかったサハラ砂漠以南の地域で密かにその感染を広げたのです。

2番目に、短い潜伏期間と、その発病と感染性ウイルスの排出期がほとんど一致するＳＡＲＳの場合と対照的に、ＨＩＶ感染者では発病までに平均8～10年の無症候期があり、この無症候期にもウイルス陽性者は種々の接触によりウイルスを伝染（うつ）すようです。

3番目に、これらふたつのウイルスはまったく異なる伝播様式で広がる点が挙げられます。ＳＡＲＳコロナウイルスは空中を飛び回って感染するため、簡単にその伝播を遮断できますが、ＨＩＶの伝播阻止はもっと困難でした。このウイルスはおもには性的接触を介して感染伝播するためです。他の感染ルートとして、妊娠分娩時の出血や母乳を介した母子感染、臓器移植、輸血、血液製剤の接種、外科手術器具や麻薬常用者からのウイルス汚染血液の混入などもあります。これら性的接触によらないウイルス伝播阻止は理論上可能と思われますが、異性間の性的接触によるウイルス伝播阻止対策と比較して、全世界レベルではなかなか効果がありません。また、ヒトの基本的な生殖衝動を利用することで、ＨＩＶは性的に活発な若年層集団をねらって、健康そうなヒトから別のヒトへその性的なネットワークを介して密かに広がっていきます。この感染伝播をなんらかの安全器具で阻止することはできますが、安全なセックスのためにコンドーム使用をすすめる莫大な資金が投入されたプロモーション活動でも、このパンデミックを止めるほどの効果はまだ得られていないのです。

未治療のＨＩＶ感染者は長い潜伏期のあとに、ＡＩＤＳに進行します。この病気は、複数の同性愛者で、ＨＩＶによる重篤な免疫不全がもとで起きた日和見感染による死亡例が確認されたサンフランシスコで、１９８１年にはじめて見出されました。その後のだれが見ても明らかなパンデミックの拡大にともない、３つのリスク集団があることがわかりました。異性ならびに同性の多くのセックスパートナーを持つ人たち、血友病のように他人の血液や血液製剤の移入を必要とする疾患の罹患者集団、そして麻薬常習者集団です。遺伝子変異率からそのウイルスの出現時期を推定する分子時計解析法を使ってＡＩＤＳの原因ウイルスであるＨＩＶの起源を明らかにする追跡研究により、サハラ砂漠以南の地域の中で、とくにコンゴ民主共和国のキンシャサにパンデミックの起源があったとピンポイントで指摘されました。コンゴ民主共和国のふたつの初期ウイルスの分離株の解析研究から、科学者はだいたい１００年前にＨＩＶがこの地区でヒトに感染していたと推定しています。そして、ひとつのウイルス株がコンゴ民主共和国からハイチに移動し、そして、ハイチから米国に移動しました。そしてＨＩＶが発見された１９８３年にはこのパンデミックはすでに爆発的になっており、コントロールは困難になっていたのです。

感染までのハードル

最初に新しい宿主にウイルスが伝播して、そのウイルスの感染を経験したことのない宿主に感染が成立するには、数々の乗り越えるべきハードルがあります。まず、ウイルスはその宿主の細胞に感染を成立させないといけません。そのために、ウイルスが細胞を特異的に認識するためのウイルスレセプターが細胞表面になくてはなりません。この段階でウイルス様粒子が感染の成立に失敗することはよく知られており、この事実は多くのウイルスではその種間に特異的バリアーがあることで説明できます。さらに、新規のウイルスがレセプターにうまく結合し、ウイルスが細胞内に侵入できたとしても、そのあと細胞内でウイルスが複製できず、感染成立に至らない例はよく知られています。たとえば、ＨＩＶはマウスのＣＤ４陽性Ｔ細胞に感染することはできません。それは、マウスのＣＤ４の分子構造がヒトのＣＤ４分子の構造と異なるために、ＨＩＶにより認識できないからです。そして、ヒトＨＩＶレセプターであるＣＤ４とＣＣＲ５をマウスのＣＤ４陽性Ｔ細胞に実験的に導入しても、マウスＴ細胞はＨＩＶの複製に必須のタンパク質群を欠いているために、ＨＩＶの複製はみられません。

約１週間ウイルスは宿主内で定着を持続し、ウイルスが産生され、それに対して宿主の免疫反応が誘導された結果、ウイルスは排除されます。その前に、子孫ウイルスは新しい宿主を見つけて伝播されなければいけません。ＳＡＲＳコロナウイルスとＨ５Ｎ１型トリインフルエンザウイルスは、両者ともヒトへの感染が起きないように監視されていますが、その監視の効果については大きな違いがあります。ＳＡＲＳコロナウイルスはヒトからヒトへの感染だけですが、１９９７年にトリからヒトへ伝播したＨ５Ｎ１型トリインフルエンザウイルスの場合は、ヒトからヒトへの感染ではありません。このトリインフルエンザウイルスは未だ新しい宿主であるヒトへは適応していませんが、もし私たちヒトの間で感染伝播が可能なＨ５Ｎ１型トリインフルエンザウイルスが生じたら、パンデミックとして危険な状況になると想像できます。

多くのヒトに感染する新興ウイルスは、実は完全に新しいものというわけではありません。それらは私たちの免疫反応から認識できないように変異あるいは組換えを起こしたウイルス、あるいは、もっと頻繁にあるのは、ふたつの動物種間に接触があり、ひとつの動物種のウイルスが別種の動物に感染する機会を得て別種の動物からヒトにウイルスが感染する例です。後者は人獣共通ウイルスとよばれ、この病気を人獣共通感染症といいます。

エピデミックからパンデミックへ――インフルエンザを例に

RNAウイルスではDNAウイルスより高確率で遺伝子変異が生じ、より多くの種類の子孫ウイルスを産生し、いくつかのウイルスはもとのウイルスより効率よく免疫反応から免れられるため、その割合は増大します。実際に、祖先ウイルスと異なる1個のウイルスの出現でも、免疫学的には認識できなくなるのです。そして、ヒト集団のすべてが感受性となり、エピデミック流行が起こります。インフルエンザはその典型的な例で、ウイルスは連続抗原変異（小変異）とよばれるプロセスで塩基置換により変異します。インフルエンザウイルスは集団間をいつも循環しており、遺伝子変異を蓄積し、通常は冬期に流行し、そして8～10年おきにエピデミック感染流行を起こします。しかし、これらのシナリオはもっと複雑です。インフルエンザウイルスにはA型、B型、C型があり、A型が人獣共通ウイルスです。野生のトリへの感染を通じて、このA型は組換えや連続抗原変異を起こして、まったく新しいインフルエンザウイルスをつくることがあります。たとえば、同一の細胞中で別のウイルスのRNA分節と交換することがあります。このような活性により、パンデミック感染を起こすことができるのです。

Ａ型インフルエンザウイルスの自然宿主は、水生野鳥、とくにカモです。しかし、このウイルスはニワトリ、ブタ、ウマ、ネコ、アシカなどの他のさまざまな動物にも感染します。Ａ型インフルエンザウイルスはカモの腸管組織で増殖し糞便中に排出されますが、症状は何も起こさず、他のトリの集団に効率よく伝播します。Ａ型インフルエンザウイルスは８本の分節ＲＮＡを持ちます。すなわち、連続したＲＮＡに遺伝子が配置されるのではなく、各遺伝子はそれぞれ独立した分節ＲＮＡに配置されているのです。Ｈ（ヘマグルチニン）とＮ（ノイラミニダーゼ）をコードする遺伝子が感染防御免疫の誘導にとって最も重要で、16種のＨと９種のＮがあり、すべてのＨとＮの組合せのウイルスがカモには見つかっています。これらのＲＮＡはそれぞれのウイルス粒子の中で分節遺伝子として分けられています。しかし、まれに細胞の中で混ざり合って、組換わることがあります。もし、２種類のＨとＮのそれぞれ異なるＡ型インフルエンザウイルスが同じ細胞に感染すると、そこから生まれる子孫ウイルスはこの２種類のウイルスのさまざまな遺伝子の組合せを有することとなります。これら組換えウイルスのほとんどはヒトに感染することはできませんが、ときに、ヒトへ直接感染するまったく新しいウイルスが生まれ、そして２００９年に起きたように新型インフルエンザウイルスが出現し、パンデミック感染を引き起こすのです。

20世紀から現在まで、インフルエンザウイルスについては5回のパンデミック感染が起きました。それらは、8本のウイルス遺伝子はすべてトリ由来の1918年のH1N1スペインかぜ（インフルエンザ）ウイルス、HとNを含んで3本の新しいウイルス遺伝子が獲得された1957年のH2N2アジアかぜウイルス、新たに野生のカモ由来2本が加わった1968年のH3N2香港かぜウイルス、1950年に分離されたH1N1ウイルスがおそらくロシアの研究室から漏れた1977年のロシアかぜウイルス、6本が北アメリカ由来で2本がユーラシア大陸のブタ由来の2009年にメキシコに出現したH1N1かぜウイルスです。

おおまかに、A型インフルエンザウイルスのエピデミックならびにパンデミック感染では、感染者1000人にひとりぐらいの割合で死亡者が出ています。死亡者は、幼児などの若年者、高齢者、それと基礎疾患を有する慢性疾患有病者などです。それに加え、パンデミック感染ではしばしば若い大人が標的となることがあります。たとえば1977年のロシアかぜパンデミックでは、免疫記憶がない集団である若者の間での症状が最も重篤でした。一方、比較的高齢の成人では、かつての免疫記憶があるためかほとんど罹患しませんでした。同じように、2009年のH1N1かぜウイルスパンデミックでは、症状は若年成人と妊婦で重くなりました。しかし、若年成人が標的となり、全世界で4000〜5000万人の死者を出し、感染者の2・5パーセントが死亡したといわれる1918年のパンデミックスペインかぜウイルスほどの激烈な病原性はありませんでした。

高病原性H5N1トリインフルエンザウイルスのパンデミック発生にそなえて、1990年代の後半から、なぜ1918年のH1N1かぜウイルスの感染があれほど致死的であったかを解明する努力が払われました。研究者たちはアラスカの永久凍土に埋葬されたこのウイルスの犠牲者や80年以上にわたり米国の病理学研究室に保存されていた病理解剖の肺試料からウイルスを再構築しています。病原性のないH1N1かぜウイルスと比較すると1918年のH1N1かぜウイルスにはヒトの細胞での感染性と複製率を増加させるいくつかの遺伝子変異が見つかっています。とくに、NS1という遺伝子に見つかるひとつの変異はウイルス感染細胞からのインターフェロンの産生とすべての免疫反応経路の誘導を抑制します。これが、このウイルスが急速に増える理由で、ある症例では生体にとって制御不能なほど莫大な量のサイトカイン産生を伴った反応を示すことがあります。これをサイトカインストームとよびます。爆発的かつ不適切に過剰なまでの炎症反応は、肺に水分を貯留させ、呼吸不全による死を招く危険性があります。同じ遺伝子変異はH5N1トリインフルエンザウイルスでも見つかっており、この感染者における高い致死率の理由のひとつとして考えられます。幸いにも、これらのH5N1トリインフルエンザウイルスのヒトからヒトへの感染伝播例はこれまで見つかっていません。

動物が媒介する侵入

本来の自然宿主からヒトへの新規の人獣共通ウイルスの侵入は、その宿主の行動や文明社会の変化によって、さらに容易になってきています。私たちに感染し得るウイルスを保有する野生動物との接触はいかに危険であるかということが、いまではわかってきました。自然宿主が狩猟と消費の対象となったからこそ、HIVならびにSARSコロナウイルスは人間社会に侵入したのです。

中央アフリカにおいて何度も、類人猿からヒトへHIV関連ウイルスの伝播が起きてきたことが明らかになってきました。そのうちのひとつがAIDSの病原ウイルスであるHIV-1サブタイプMであり、全世界的に広がりました。その起源は、チンパンジーのある亜種（*Pan troglodytes troglodytes*）に由来するウイルスであり、このチンパンジー種にこのウイルスはAIDSのような病気を誘導することもわかっています。このような動物は肉を目的として狩猟の対象とされるため、狩猟や屠殺の過程で血液を介してヒトに感染した可能性が最も高いと考えられます。このヒトへのＨＩＶ-１の感染伝播は、ＨＩＶ-１サブタイプＭに最も近い型を持つチンパンジーの生息している南カメルーンで、およそ１００年前に起きたと考えられます。このウイルスはカメルーンからコンゴ川の支流であるサンガ川沿いに移動してレオポルドビル（現キンシャサ）にたどり着き、そして、以前はベルギー領の植民地であったコンゴ民主共和国の首都であるこの町から世界各地に広がったと科学者は考えています。

ＳＡＲＳコロナウイルスも、生きた動物を取り扱う中国の食肉市場で食用動物からヒト集団へ侵入したと考えられます。そこにはさまざまな種類の小動物が提供され、その中でヒマラヤハクビシンがＳＡＲＳコロナウイルスに近縁のウイルスを持っていることがわかっています。現在のところ、ＳＡＲＳコロナウイルスの本来の自然宿主はフルーツコウモリであり、おそらくウイルスは食肉市場で売られる他の動物種に伝播して、その動物が市場に連れてこられて、市場の職人に感染したようです。

コウモリが保有する致死性のウイルスはＳＡＲＳだけではないようです。いくつものコウモリ種は最近ヒトに感染し得るとわかったウイルスを保有しており、実際、コウモリはもっとおそろしく感染力の強いエボラウイルスやエボラウイルスに近縁のウイルスを伝播させます。ときどき、中央アフリカの都市部以外の住民にエボラ出血熱の集団感染が起き、１９９０年の中頃からコンゴ民主共和国、ガボン、スーダンなどではそのアウトブレークが増えています。エボラウイルスは、１９７６年にザイール（現コンゴ民主共和国）北部のヤンブクという人里離れた村で突然起きた集団感染（アウトブレーク）の患者から単離され、その土地のエボラ川沿いで発生したことより、この名前がつけられました。その集団感染は、ひとりの学校教師が森に入ってきたあとに突然、頭痛と発熱を訴えたことによりはじまりました。彼はその土地の教会がつくった病院でマラリアの治療を受けましたが、急激な体温上昇、激烈な腹痛、下痢、嘔吐、筋肉痛、全身性出血などの症状を示す重症の出血熱症に進行し、数日で死亡してしまいました。このウイルスは、この患者の血液や体液を直接触った家族、その病院の入院患者、病院スタッフに感染し、結果的にその村の３１８人に感染し、２８０人が死亡しました。

直感的に難しいと思われたにもかかわらず、エボラウイルスのアウトブレークの制圧は、いったんこの病気が正しく認識されたあとは非常にうまくいったのです。感染すると急激に衰弱するので、患者はアウトブレークの場所からほとんど移動できないため、ヒトからヒトへの感染が完全防護肌着用下の看護ならびに患者や接触者の隔離によりいったん断ち切られると、そのあとは急速な制圧へと向かいました。不幸なことに、このウイルス感染は最近、チンパンジーやローランドゴリラという大型霊長類にも及んでいます。この事実はこれら絶滅危惧種に対する生存の脅威となるばかりでなく、ヒトへの新たな伝播経路が増えたことを示します。近年のアウトブレークとして知られているいくつかは、これらの動物との接触によるものもおそらく含まれています。

もうひとつ、コウモリ由来の危険な新興ウイルスが有名です。1997年にマレーシアの農場のブタに呼吸器感染症が集団発生し、そして、後日そこで働いていた農夫や屠殺従事者に脳炎が発症しました。幸いなことにこの病気はヒトからヒトへは感染せず、1999年に100万頭以上のブタの処分により終息しました。悲惨なことに、そのときには265人の脳炎発症例があり、105人が死亡しました。犠牲者の脳組織からパラミクソウイルスが分離され、ニパウイルスと命名されました。フルーツコウモリにウイルスが見つかり、おそらく森林破壊によりこのコウモリの一群がヒトのすむ近隣の環境に移動し、ヒトに感染したと思われます。それらのコウモリはブタ農場に隣接する林に移動して、コウモリの落とす唾液を介してブタにウイルスが移動し、そのブタから農夫や屠殺従事者に感染したと考えられます。

私たち人間が彼らの縄張りに侵入したことにより、コウモリとヒトとの接触頻度が増しました。このニパウイルスの出現に先立って1994年にオーストラリアのブリスベンのヘンドラという農場でアウトブレークが起き、14頭のウマとひとりの調教師が死亡しました。この重症呼吸器疾患の犠牲となった患者由来のウイルスは、コウモリに由来するニパウイルスと非常に似ていました。同じようなコウモリ由来ウイルスのアウトブレークが2001年には西ベンガル地方、2001年と2004年にはバングラデシュで起きました。柔らかくてかわいいこの動物は、私たちにとって安全な仲間とはとても言えなくなってしまったのです。

昆虫が媒介する伝播

他にもいくつかの昆虫が、ある宿主から別の宿主へのウイルスのベクター（媒介者）となることがあります。このベクター集団の密度が、そのウイルスの伝播効率に大きな影響を及ぼすことは知られています。2004年以来、殺虫用のDDTの散布がストックホルムでの持続性有機物汚染会議の議決により制限され、熱帯あるいは亜熱帯地域の蚊の発生数が爆発的に増大しつつあります。この事実はデング熱を含むいくつかの蚊媒介性の感染症がふたたび大流行することに結びつくかもしれません。もともとは南西アジアのみでみられたデング熱がこの60年間で新たな地域に広がっており、現在、アフリカや南アメリカの熱帯地方で大きな問題となってきました（図11）。

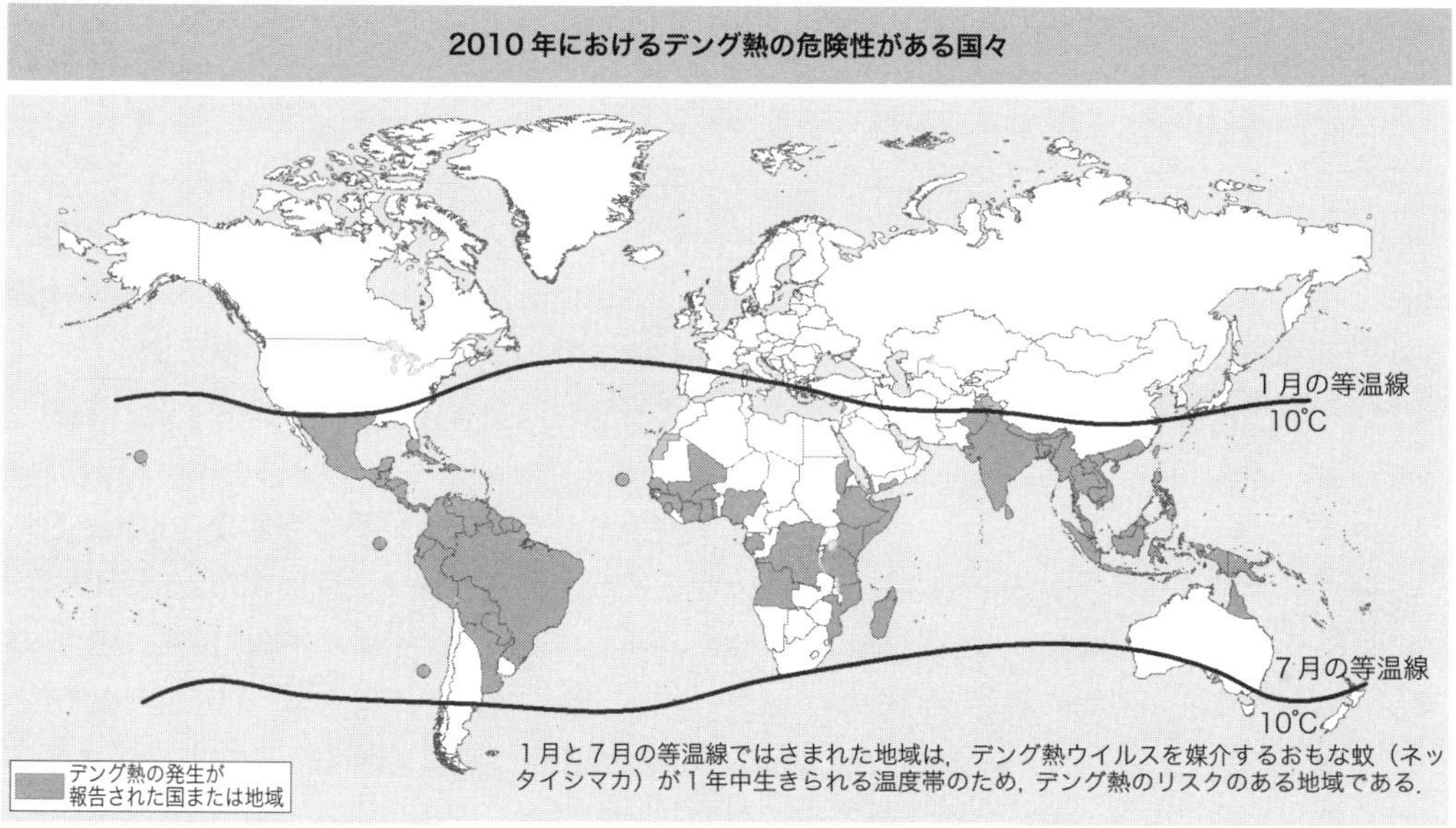
2010年におけるデング熱の危険性がある国々
1月の等温線
10℃
7月の等温線
10℃
1月と7月の等温線ではさまれた地域は，デング熱ウイルスを媒介するおもな蚊（ネッタイシマカ）が1年中生きられる温度帯のため，デング熱のリスクのある地域である．
デング熱の発生が
報告された国または地域

図11　2010年の世界におけるデング熱の分布．

デング熱ウイルスは、感染しても症状が現れない場合もありますが、古典的デング熱としての明らかな症状は、発熱、頭痛、筋関節痛、骨部痛、嘔吐、発疹などです。この病気は別名break-bone fever（骨が折れるほどの熱）とよばれているように悲惨な激痛を伴いますが、通常は完全に回復します。しかし、1〜2パーセントの感染者はデングショック症候群といわれる皮下出血や消化管出血、血液循環不全の原因となる肺出血を伴うデング出血熱に進行します。この病気には特異的治療法はなく、その致死率は高いです。

ブルータングウイルスは、おもにヒツジなどの家畜の間で吸血昆虫により感染が広がるもうひとつの昆虫媒介性の感染症です。いったん感染するとヒツジは発熱し、その後、唾液の分泌過多によって口内に泡のように貯留したり、鼻汁過多、顔面や舌の腫れが起きます。血中酸素の低下により、ヒツジの舌が青色に変色することからこの病名がつけられました。跛行（はこう）（正常に歩行できないこと）はもうひとつの主症状であり、肺炎の併発により死に至ります。しばしばゆっくりと回復に至りますが、羊毛生産の減少につながるため商業ベースでは大きな問題となる病気です。

ブルータング病はもともと南部アフリカ地方ではじめて記録され、そこの熱帯ならびに亜熱帯地域のみでみられ、ウシやヤギでの感染例が多く、それらの動物ではヒツジの場合よりもっと軽い病状でした。このウイルスを媒介するアフリカの吸血昆虫は寒さが厳しいところでは生き残れないため、ブルータング病の分布はこの昆虫の分布と一致していました。しかし、最近の地球温暖化の影響によりその昆虫は最近、分布域を南ヨーロッパに広げ、より寒さに強いヨーロッパの昆虫への伝播によってウイルスは分布域を広げるようになりました。毎年、その昆虫の数は、ブルータングウイルスの感染伝播がピークとなる夏のはじめには爆発的に増えます。ブルータングウイルスは北進を続けており、2006年には、ヨーロッパの吸血昆虫が冬でも生き残れるドイツ、フランス、オランダ、ベルギーでブルータングウイルスが見つかりました。そして、2007年には英国とデンマーク、2008年にはスウェーデン、2009年にはノルウェーで見つかっています。この招かれざるウイルスを運ぶ昆虫の北進により、その昆虫はそこにすみつくこととなり、家畜動物に大きな影響を及ぼすのではないでしょうか。時が経てば、真実はいずれ明らかになるはずです。

社会発展によるウイルスの再分布

これらの新興ウイルスや再興ウイルス感染症の事例を考えてみると、ウイルス感染症はヒトと家畜の両者にとってどれほど重要な問題をはらんでいるか、わかっていただけたでしょう。現代人のライフスタイルの中にある多くの要因が新興感染症の危険性を増大させており、そして、それらの多くが人口の増大に伴うことです。地球の人口は、紀元後から西暦１９００年までは５００年ごとにだいたい2倍になり、16億人になりました。しかし20世紀になってヒトの寿命が長くなったことより、その人口は4倍となり２０００年には60億となりました。そして、もしこの増加率が減ずることなく続けば、２１００年には90～１００億人に達すると予測できます。

人口の増加は、少なくとも自然資源の消失、汚染の増大、生物多様性の消失、地球の温暖化と、多くの問題を起こします。そして、新興ウイルス感染症の問題点を考えると、最も危惧される点は文字通り土地がなくなることです。私たち人間はすでに野生動物の縄張りに侵入し、熱帯雨林地域を分断し、食べ物のために狩猟を行い、ヒトのすむ町を広げ、未知の致死性のウイルスと出会う危険を冒してきました。現在ヒト集団の50パーセント以上は、１３００万人以上の住民を抱える東京のような大都市にすんでおり、いったんこのような危険なウイルスが入り込んできたら簡単に感染が広がります。とくに、低所得国の貧しい都市では、新鮮な空気やきれいな水がない環境で、下水処理が十分でないために窮屈で不衛生な掘立て小屋の並ぶスラム街にいる住民たちは、病原微生物と簡単に接触することになります。HIV、SARS、トリインフルエンザでみられたように、地域での感染伝播は国を越えた国際的な感染伝播にいずれつながります。地球規模では毎年10億人以上のヒトが国を越えて飛行機に乗って移動しており、新しいウイルスは24時間以内に地球の反対側に効率よく到達することができます。

動物ウイルスも、人口過多の状態ではさかんに増えます。これに関しては、集団での動物飼育は大都市での人口過剰状態と同じであるため、その集団内で簡単に感染が広がることになるのです。代表的な例として、２００１年に英国で発生した口蹄疫（こうていえき）のアウトブレーク時は、国内のあらゆる農場で屠殺による家畜処分の光景が見られました。このウイルスはウシ、ブタ、ヤギ、シカなどに高い感染性を示し、現在アジア、ヨーロッパ全土、アフリカ、南アメリカまで広がりました。しかし、オーストラリア、米国、カナダ、英国などではほとんど感染例はありません。このウイルスは口や腸を標的として感染し、跛行（はこう）を起こします。通常は死に至ることはありませんが、感染個体は体重が増えないために産業動物としては大きな損失になってしまいます。

動物ウイルスは通常、感染宿主の中で気づかれずに国境を越えることができます。そして、到達した新しい場所でときどきヒトにも感染します。その感染様式は本当のところは解明されていませんが、１９９９年にウエストナイルウイルスはイスラエルから米国に侵入したとされています。このウイルスは通常トリに感染し、感染は蚊によって広がります。ときに感染した蚊に刺されると、ヒトが感染します。通常はヒトへの感染は無症状に終わるのですが、インフルエンザ様の症状が出ることもあり、まれに脳炎を併発します。これまで、ヒトからヒトへの感染はありません。もっとも例外として輸血や心臓移植による感染例は報告されていますが、ヒトは通常このウイルス感染をそれ以上広げることのない終末の宿主です。ウエストナイルウイルスの例では、ウイルスは米国に到達後に、米国内を渡るトリあるいは蚊に感染して、さらにその土地に生息するトリの間で伝播が広がりました。

以上のことを考えると、２００３年に米国で突然サル痘瘡（とうそう）ウイルスが出現したことは不思議ではありません。名前に反して、これは通常はアフリカのネズミに感染するウイルスであり、たまにヒトに感染して、発熱、咽頭痛、リンパ節の腫れなどを起こし、そして、天然痘に似た目立った皮疹を起こします。その皮疹は瘢痕を残すので天然痘を思い出させますが、幸いなことにこの病気は一般的には致死的なものではありません。終息するまでに70人以上の患者を出した米国でのこのアウトブレークは、ガーナから輸入されたジャイアントガンビアネズミに由来することがわかりました。このネズミはペットショップで飼われていて、ウイルスがプレーリードッグに移り、新たな飼い主に感染したのです。

この事例は、国際的に取引されているペットもこのような危険性をはらんでいることを教えてくれました。私たちは、本来は野生動物に寄生する微生物が家畜にどれくらいすみ着いているかをほとんど知りません。ウイルス保有生物について、そして、どれほどすばやく新しい宿主に適応して宿主を死に至らせるかについて、さらに明らかにしていくことが重要です。

第5章

流行と大流行

新型インフルエンザウイルスのような新興ウイルス感染においては、多くの人々がはじめて感染し、次の同じウイルス感染に対して免疫ができ、ほとんどの人が免疫をつけてようやくウイルス流行は終わる、という周期をくり返すことになります。最後の流行の後に生まれた世代には免疫がないので、同じウイルスの流行はその世代の人口が増えてからはじまります。予防接種プログラムが広く取り入れられるまで、幼児は「小児感染症」にかかっていました。これは、はしか（麻疹）、おたふくかぜ、風疹、水ぼうそう（水痘）といったウイルス感染症が中心ですが、現在、先進国においては水ぼうそうのみが広く残っています。

農耕のはじまりが流行のはじまり

これらの急性小児感染症を人類がいつ、どのようにして最初に経験したのかを知るためには、数万年前に肥沃な三角地帯（チグリス川とユーフラテス川の間で、現代のイラクとイラン）ではじまり、周辺に広がった農業革命を振り返る必要があります。私たちの祖先の生活様式は農業革命によりそれまでの遊牧民的な狩猟採集民から固定した地域にすむ農民へと劇的に変化しました。この変化は、私たちの祖先に感染した微生物にも劇的な変化をもたらしました。現在私たちが急性小児疾患とよぶものも含む、重症化して死に至ることもある微生物感染症が絶え間なく増加する時代となったのです。

この微生物の猛攻撃は生活様式の変化と直接関係していました。それまでの遊牧民の一時的なキャンプは、混雑した集落の中の小さくて窮屈な固定した住居に取って代わられました。そして空気感染する微生物が簡単に宿主に蔓延することができるようになったのです。さらに、以前は食料や水は毎日集めたものですが、いまや不衛生な状態で保管されるようになり、腸管感染微生物の糞口感染が増えました。さらに、動物が家畜として飼い慣らされ住居をともにするようになったことで、もともと動物が持っていた大量の微生物が、人類に新たな病原体をもたらす最大の原因となりました。

すでに第1章でみたように、分子時計の手法によれば天然痘ウイルスはラクダとスナネズミのポックスウイルスに最も近縁であって、これまで考えられてきた牛痘ウイルスに一番近いわけではないようです。科学者が想定するところでは、5000〜1万年前の人間が農業をはじめて間もない頃に、ネズミのポックスウイルスがヒトとラクダへと飛び移ったようです。これとは対照的に、はしかウイルスの最も近い親類は牛疫ウイルス（牛疫の原因）で、このふたつのウイルスはおよそ2000年前に共通の祖先から進化したと計算されます。つまり多くの動物の微生物も、人間が農業をはじめてから人間に接触して感染するようになったと考えられます。感染がはじまって一定期間は新興ウイルスです。多くの新興ウイルス感染症の流行は動物から人間への感染ではじまり、感受性のある人口がほとんど感染してしまうとおさまりました。そして、村、町、地域間を行き交う交易経路が拡大するとともに、これらの新しいウイルスはその経路をたどり、より大きく、広範囲にわたる流行を引き起こしました。

ウイルスが外部から持ち込まれることなく、地域社会内で継続的に感染を持続するために必要な最小の流行初期の人口数を推定するために、アイスランド、グリーンランド、フィジー、ハワイなどさまざまな人口規模の島で、はしかの流行が研究されました。その結果、およそ50

万の人口が必要であり、他の空気感染するウイルスもおそらく同様と考えられました。およそ紀元前5000年に、肥沃な三角地帯で同程度の人口の町がはじめて出現したことがわかっています。そのとき以降、はしかのようなウイルスは動物とのつながりを断ち切り、完全にヒトの病原体となることができたのです。

ウイルスは多くの異なる方法で宿主間を広がります。しかし、一般に急性の流行を引き起こすウイルスは空気感染や糞口感染といった速くて効率的な方法を使います。空気感染は先進国のように人口が密集した都市で流行するのに効率的です。一方、先進国以外で衛生状態のよくない場所では、糞口感染がより効率的となります。

一般的に、ウイルス感染症は症状の現れる臓器により区別されます。たとえばインフルエンザ、かぜ、肺炎を引き起こし空気感染するウイルスや、吐き気、嘔吐、下痢などの胃腸症状を起こすウイルスのように分けられます。文字通り何千というウイルスがヒトの間で流行しますが、はしか、おたふくかぜ、水ぼうそうや、ごく最近までは天然痘のような特徴的な小児疾患の原因となるウイルスはごく少数です。

歴史上最悪のウイルス──天然痘ウイルス

天然痘ウイルスは、世界で最悪の殺人ウイルスとして分類されています。天然痘ウイルスが最初にヒトに感染したのは少なくとも5000年前で、20世紀だけでおよそ3億人が天然痘で死亡しました。西暦166年にはじまった「アントニオ流行」は、天然痘のはじめての世界的な流行と考えられています。マルクス・アウレリウス・アントニヌス皇帝支配下のローマ帝国で天然痘は流行しましたが、帝国は現代のヨーロッパの大部分と中東および北アフリカにまたがる地域を支配していました。ローマ帝国の兵士が反乱を鎮圧する際に、チグリス川河畔のセレウキアという都市で流行がはじまりました。そして、兵士はローマに凱旋するときにウイルスを持ち帰り、その途中でも感染を拡大しました。その後20年間、帝国中で天然痘は猛威をふるい、インドと中国にまでも流行が広がりました。ローマでは一日で最大5000人が死亡したほどです。当時のローマ人はこの流行は神々の罰だと信じていました。とくにアポロ寺院で封印された墓を暴いたためにセレウキアが打ち負かされたと。マルクス・アウレリウスの侍医であったペルガモンのガレノスは、黒色で乾燥した潰瘍(かいよう)性の熱性疱疹(ほうしん)とともに強い喉の渇き、嘔吐、下痢を伴う、天然痘が強く疑われる流行病について記述しています。

この頃から、町や都市が発展して人口が増加するにつれて、天然痘の流行は絶えず増大しました。天然痘感染者の3割程度が死亡し、生き延びた感染者にはかさぶたを残したり、視力を失うものが多くいました。しかし、天然痘に蹂躙された世紀の後、ついに天然痘ウイルスは1980年に世界から排除されました。天然痘を予防し、排除する戦いについては、第8章で述べます。

空気感染するウイルス——はしか、風疹、おたふくかぜ

1960年代まで、ほとんどの子どもは、はしか、おたふくかぜ、風疹などの古典的な小児ウイルス感染にかかりました。しかし予防接種プログラムが導入されると、先進国ではまれなものになりました。これら3つのウイルスは鼻と口から体内に侵入し、局所リンパ節に感染します。感染者は侵入したウイルスが体内で増殖していることに気づきませんが、2週間の潜伏期間の後にウイルスは血液の流れに乗りさらに内部の臓器へと移動します。このウイルス血症は熱、不調、頭痛、鼻水といったいわゆるかぜ症状を引き起こします。そして、ウイルスは特定の標的となる臓器へ到達して、それぞれのウイルス感染症に特徴的な症状が現れます。はしかと風疹の場合は隠せないほどの発疹であり、おたふくかぜの場合は耳下腺の痛みと腫れです。これらの病気はほとんどの場合軽い症状でおさまり、回復した後は終生免疫となります。しかし、それぞれの感染症はひどい合併症を伴う場合があり、これらの感染症を世界中で予防

することは重要な目標です。

この3つのウイルスのうち、はしかは最も感染性が高く、感染すると重症化します。はしかの予防接種が実施される20世紀中頃より以前では、毎年何百万もの子どもたちが死亡していました。今日においても、ワクチン接種率の低い国では、毎年30万人以上の子どもたちがはしかにより死亡しています。はしかによる死亡のほとんどは肺炎が原因ですが、はしかウイルス自体による場合と、他の微生物が傷ついた肺に侵入することによる場合があります。発展途上国では、はしかに感染するとその1～5パーセントの人が死亡します。しかし、難民キャンプのような非常に過密な生活環境では30パーセントに達する可能性があります。はしかの高い死亡率は既存の栄養失調とマラリアのような他の消耗性疾患によると長く考えられてきましたが、ギニアビサウにおける最近の研究はもうひとつの危険因子を特定しました。それは農村地帯では、はしかの流行の間隔がより長く死亡率もより高くなることです。つまり、都会に比べて地方の子どもたちはより高い年齢ではしかを経験するということです。地方の流行では家庭ごとの感染感受性のある子どもの数はより多く、流行のたびに家庭から家庭へたびたび順番に感染していきます。このような状況で、最初に感染した症例に比べて、2番目および3番目に感染した子どものほうが死亡率は高くなります。その理由は、はしかウイルスの感染は咳によって発生する粒子によっておもに広げられ、家庭のような閉鎖された空間内の短い距離で最もその伝染性が強くなるからです。そこで、この研究では最初に感染する症例は家庭外の感染によるだろうと考えられました。家庭外の感染の場合はウイルス感染量が少ないため比較的軽い症状でおさまる可能性が高いからです。これとは対照的に、狭くて混み合っている家庭の中のふたり目の感染者では、ウイルス感染量が多くなります。そして、このふたり目の感染者からはより多くのウイルスが生み出され、病気が重症になるにつれて家族内の循環により感染するウイルスの量は増加していきます。

ヒトだけがはしかウイルスの唯一の宿主であることと、はしかワクチンが安全で非常に効果的であることから、はしかの根絶は可能であり、実際に米国、英国、オーストラリアにおいて成し遂げられました。2001年に世界的なはしか排除を目標として設定したはしかイニシアチブは、2005年までにはしかによる死亡をすでに74パーセント減らしました。この大部分はサハラ以南のアフリカ、東地中海、西太平洋地域におけるワクチン接種率の増加によるものです。現在の直近の目標は2020年までにはしかウイルスを根絶して、はしかによる死亡の90パーセントを防ぐことにあります（第8章を参照）。

風疹は18世紀にドイツ人医師フリードリッヒ・ホフマン（1660〜1742年）によって最初に記述されたことから、一般にはドイツはしかとよばれています。そして19世紀に、もうひとりのドイツ人の医師ジョージ・デ・マトンにより、はしかと猩紅熱（しょうこうねつ）から区別されました。風疹の感染はたいてい激しくはなく、短い期間で終わり、しばしば気づきません。それだけであれば、風疹はあまり重視される病気ではありませんでした。しかし、1940年代にオーストラリアの医師ノーマン・グレッグ（1892〜1966年）は、妊婦の風疹感染とその出産児における、心臓および眼の異常と聴力障害といった先天性疾患の関係に気づきました。妊婦の血液中の風疹ウイルスは胎盤を通過して胎児に感染して増殖します。胎児の免疫機構は未熟なため、この感染に反応できません。風疹ウイルスの感染は胎児の臓器の発達に障害を与えます。妊娠10〜16週の間の臓器形成期間がリスクのある期間です。風疹ワクチンは通常MMRワクチンとして、はしかとおたふくかぜワクチンとともに接種されます。ワクチン接種率の高い国では先天性風疹症候群は実質的に排除されました。しかし、発展途上国では未だ問題として残っています。

おたふくかぜも、とくに小児においては比較的軽い病気であり、風疹と同様に感染に気づかないことがあります。髄膜炎、脳炎、睾丸炎（こうがんえん）（精巣の炎症）などのおたふくかぜのひどい合併症を防ぐために予防接種はすすめられます。睾丸炎は思春期以降おたふくかぜに感染する男性のおよそ30パーセントで発症して、しばしば両側性で、不妊につながる可能性があります。

水ぼうそう（水痘）は世界で最も一般的な急性小児感染症のひとつであり、英国でもまだ流行しています。水ぼうそうは保育園や学校で定期的に流行します。水ぼうそうの流行は感受性のある子どもたちほぼ全員に感染してから次の場所へ移動していきます。しかし、効果のあるワクチンが利用可能で、米国、カナダ、オーストラリア、ヨーロッパの数か国では小児全員に接種されています。しかし英国では定期接種はされていません。水ぼうそうに感染すると、はしか、おたふくかぜ、風疹に類似した古典的な急性感染症のような症状となりますが、ウイルスは最初の感染後も一生体内に残るため、のちに帯状疱疹を引き起こすことがあります。第6章で、他の持続的感染性ウイルスとともに、このウイルスについてさらに詳細に述べます。

いろいろなかぜ

はしか、風疹、おたふくかぜに2回目の感染がほとんどないのは、免疫反応が私たちをうまく守ってくれるからです。しかし、ほとんどの人は年に2回か3回はかぜをひきますので、免疫反応はかぜウイルスの2度目の感染を防ぐことができないように思えます。しかし、そうではありません。実際には非常に多くの種類のウイルスがかぜの原因になっていて、鼻づまり、頭痛、だるさ、喉の痛み、くしゃみ、咳、ときに発熱といった典型的な症状をもたらします。ウイルスの種類は非常に多いので、100歳まで生きたとしてもすべてのウイルス感染を経験できません。かぜウイルスには、100以上の異なる型があります。そして、鼻や喉の粘膜細胞に感染して、ちょっとした違いはあるものの似たような症状を引き起こす多くのウイルスがあります。たとえば、大部分の呼吸器ウイルスは冬に流行しますが、コクサッキーウイルスはしばしば夏かぜを引き起こしますし、エコーウイルスやアデノウイルスの感染では結膜炎とよばれる、痛みのある赤く充血した眼の症状を伴うことがあります。すべてのこれらのウイルス感染は、2〜3日の潜伏期間の後、症状が3〜4日続きますが、とくに処置は必要とせず回復します。しかし、これらの感染症は非常によく起こり、しばしば仕事や勉強の妨げとなるため、世界的な経済の損失は大変なものです。

どんな親でも知っているように、幼児は上気道感染症に非常にかかりやすい傾向があります——おなじみの「鼻みずをたらした子ども」です。子どもたちは世の中に常に蔓延している非常に多くの呼吸器ウイルスに感受性があり、ほとんどの感染は軽くすみますが、ときに幼児においてはどのウイルスもひどい病気を引き起こすことがあります。下気道まで感染が広がる

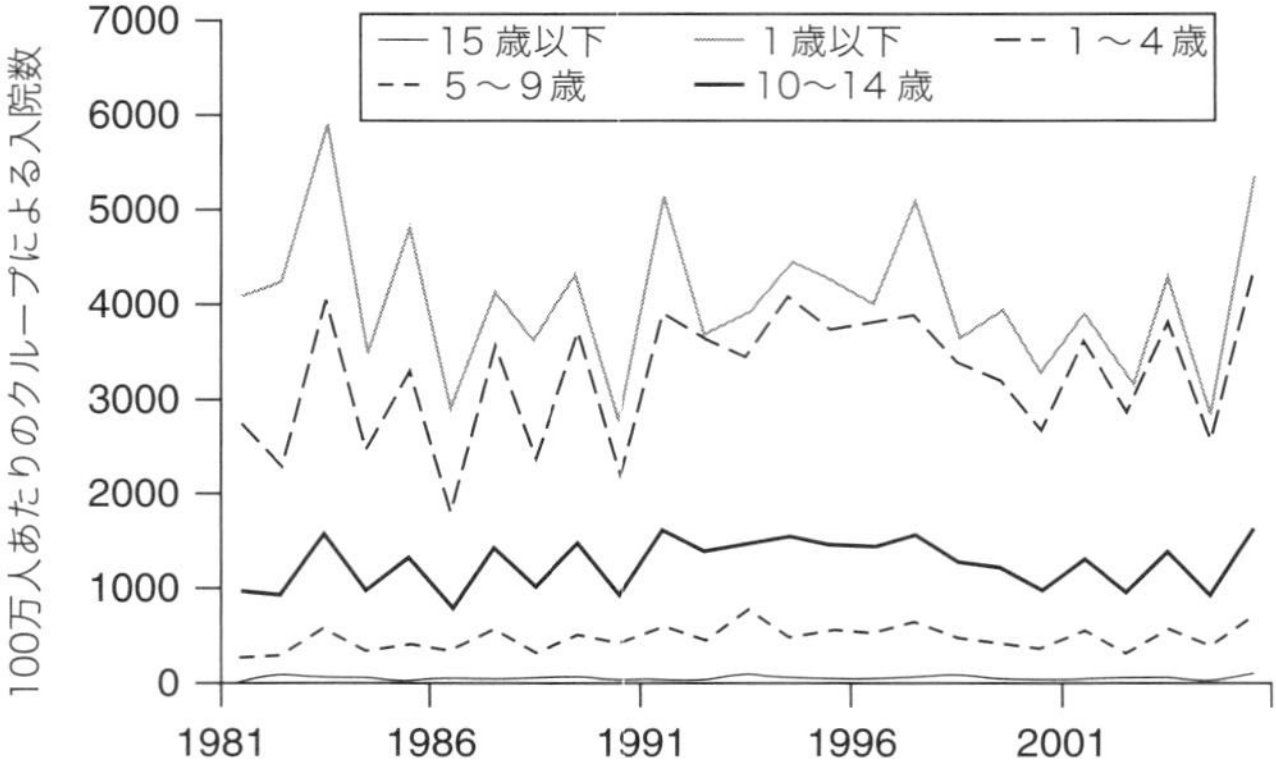

図12 1981～2002年の間, 米国における15歳未満児のクループによる入院患者数の推移.

と、細気管支炎や肺炎あるいはクループ（咳などを伴う喉の閉塞）を起こしている可能性があり、病院での治療が必要なことがあります。パラインフルエンザとRSウイルスのようなウイルスは、幼児における下気道感染により、定期的に感染の流行と病院への入院のピーク（図12）を引き起こします。実際に、世界的には急性呼吸器感染症（大部分はウイルス性）によって、5歳以下の子どもたちで年間約400万人が死亡していると推定されています。

誰でも「インフルエンザ」のために2～3日仕事を休んだことがあると信じていますが、多くの場合はインフルエンザウイルスではなく多くのかぜウイルスのひとつが原因です。A型またはB型インフルエンザウイルスによるインフルエンザの本当の症状はまったく違います。呼吸器症状は似てはいますが、インフルエンザはより強い筋肉痛と発熱を伴い、よりひどい全身性の症状が7日間続くことがよくあります。インフルエンザに苦しんだ人は回復後もしばらくは無気力で元気が出ず、職場復帰がさらに遅れます。温暖性気候では、A型およびB型インフルエンザの流行は冬によく起こりますが、低年齢層と高年齢層および消耗性疾患を持った人々において主として肺炎による高い死亡率をもたらします。さらに、仕事時間の減少と入院による経済的な損失は大きく、政府はインフルエンザに対する予防法および治療法の戦略を追求することになります。

糞口感染 ―― ロタウイルス、ノロウイルス

腸管を標的とするウイルスは呼吸ウイルスと同じくらいに多様性があり、そして、呼吸ウイルスと同様に何百もの異なる型の腸管ウイルスが一生の間に攻めてきます。これらのウイルスは、洗っていない手によって直接広がりますし、飲料水や食物や、その表面や容器が汚染された物を介して広げられます。これらのウイルスは私たちの体と生活様式にも非常に適合しています。多くの他の侵入者が死滅してしまうような酸性環境の胃の中でも生き延びて、腸の表面を攻撃します。細胞を殺して、消化酵素の生産を止め、水分の吸収を妨げます。これらのすべてが、胃腸炎の不快な症状のもとになります。これらのウイルスは、膨大な数の子孫ウイルス

をつくり出しますが、それらは体外で長時間生存可能です。そして、非常に少ないウイルス量で感染してしまいます。腸管に感染する2種類の重要な原因ウイルスであるロタウイルスとノロウイルスに感染すると、1～2日の潜伏期間の後突然に、噴射するような嘔吐や大量の水様性下痢と腹部の痛みが現れます。そして、まわりの環境を効果的に汚染して、ウイルスの生き残りを確実にします。

ロタウイルスは胃腸炎の世界的な原因ウイルスであり、とくに5歳未満の子どもたちを標的とします。病気の重症度はさまざまですが、脱水による主症状は通常4～7日間続きます。ロタウイルス感染症により世界で毎年60万人以上の幼児が死亡していますが、ウイルス感染は発展途上国で簡単に拡大し、脱水に対する緊急対処法が取られないことが多いのです。感染した子どもの1ミリリットルの便の中に最高1000億（10^{11}）個のウイルス粒子が存在し、たった10個のウイルス粒子だけで次の感染が可能になります。したがって、ロタウイルス感染はしばしば流行しますが、そのコントロールは困難です。

ロタウイルスは社会を循環することにより、インフルエンザウイルスと同様にウイルス遺伝子が変動します。親ウイルスに対してすでに免疫を持っている幼児にも感染できるくらい十分に変化するまで、ウイルスは点変異を蓄積していきます。また、ロタウイルスの多くは若い動物（たとえば子ウシ、子ブタ、子ヒツジ、子ウマ、ニワトリ、ウサギ）で胃腸炎を引き起こし、それはロタウイルスの貯蔵庫のようなはたらきをします。また、人間のロタウイルスと動物のロタウイルスはインフルエンザウイルスのように遺伝子再編成によってときに遺伝子が変化します。これにより、まったく新しいロタウイルス株が生み出され、広範囲にわたる流行を引き起こす可能性が生じます。

ノロウイルスはロタウイルスの次に一般的なウイルス性胃腸炎の原因です。ノロウイルスはより短い期間に、より軽い病気を起こします。ノロウイルスは毎年２３００万人にのぼる胃腸炎症例の原因になっていますが、老人ホーム、病院、保育園、キャンプ、学校で集中して流行します。ノロウイルスに対する免疫記憶は短い傾向があるので、子どもと同様に大人にも流行します。周遊船の乗客と乗員のノロウイルスの流行はしばしばニュースになりますが、乗客の贅沢な休暇を台無しにしてしまうだけでなく、感染の原因を特定して船が消毒されるまで運航を休止させなくてはならないため、運行会社に大きな損失をもたらします。最近の例を挙げると、バンクーバーから出発した周遊船に、１２１８人の乗客と５６４人の乗員が乗船してアラスカに向けて出発しました。すぐ翌日、５人の乗客が胃腸炎にかかり、下船する７日目までに合計176人が発症しました。船は次の乗客を乗せる前に港で消毒され、1336人の乗客と571人の乗員が乗り込みました。次の航海では、219人が胃腸炎を発症してしまったため、さらに次の出航は取り消しとなり、徹底的に清掃し消毒することになりました。環境保健に関する検査官は、感染源および衛生的な欠陥は見つけることができませんでした。これはよくあることであり、ノロウイルスがいかに効果的に感染を拡大する戦略を進化させてきたかをよく示しています。このウイルス感染は噴射するような嘔吐を誘発して、その1回だけで300万個のウイルス粒子を放出します。この量は30万人を感染させるのに理論的に十分です。

完全制圧できない現代の病気、ポリオ

エンテロウイルスはその名前の通り、糞口感染経路によって流行し、腸管に感染します。ウイルスは便中に排出されますが、問題となるのは他の臓器に感染が及んだときだけという風変わりなウイルスのグループです。この中ではポリオウイルスが最も有名ですが、その感染者1000人中約1人だけに、致命的な病気である麻痺性ポリオを引き起こします。

他の消化管ウイルスと同じように、ポリオウイルスは上水と下水の中で長い間首尾よく生き

残ることができます。そのため衛生水準が低い場所では、ポリオウイルス感染は幼児にあっという間に広まります。ポリオウイルスは腸管壁細胞と周辺のリンパ節で増殖しますが、この時点で症状はありません。しかし、いくつかの症例においては、ウイルスは神経組織を標的として激しい病気を引き起こす場合があります。不幸なことにこのまれな症例においては、ウイルスは脳に侵入し、非麻痺性ポリオとよばれる髄膜炎を引き起こすことがあります。あるいは脊髄に侵入して神経細胞を破壊し、支配する筋肉を麻痺させて、麻痺性ポリオを発症させます。麻痺性ポリオの死亡率は約5パーセントで、主として呼吸筋の麻痺による呼吸不全が死因となります。

ポリオは現代の病気です。そして、20世紀になって西側世界に現れました。一時は、それはおそろしい夏の流行を引き起こしました。そして、人から人へと広がるというよりも、無差別に突然、それまで完全に健康だった子どもたちに襲いかかるのです。ワクチンがようやく1960年代（第8章を参照）に導入されるまで流行はおさまりませんでした。この時代の発展途上国や20世紀より前の先進工業国では、ポリオウイルスは社会を自由に循環して、幼児期早期にはほとんど全人口に感染していたと思われます。このような状況で、麻痺性ポリオはほとんど知られていませんでした。ポリオ感染がほとんど気づかれなかった理由は、胎児が子宮内にいる間に胎盤を介して母親からもらう移行抗体によると考えられています。つまり母体からの移行抗体が、ウイルスが腸管の外に広がり麻痺を発症することから防いだのです。そして、衛生状態の水準が高くなると、幼児期の感染は少なくなり、多くの母親も感染しないままになるため、子どもたちを守る移行抗体もつくられません。このように、衛生の水準は国家の工業化の進行とともによくなりますが、逆に麻痺性ポリオの発病率は上がりました。

完全制圧できた牛疫

ロタウイルスが糞口感染により人間に胃腸炎を引き起こすのと同様に、多くのウイルスは、動物に同じ症状を起こして、畜産業に大きな経済的損失を起こします。牛疫ウイルスは牛疫の原因であり、何世紀もの間他のどんなものよりも多くの損失と困難の原因でした。牛疫ウイルスははしかウイルスに非常に近いですが、それが引き起こす病気は大きく異なります。牛疫ウイルスは偶蹄(ぐうてい)類の動物に感染します。雄牛、バッファロー、ヤク、ヒツジ、ヤギ、ブタ、ラクダに加えて、野生のカバ、キリン、イボイノシシが含まれます。感染は通常直接の接触によって広がります。経口的に入り、鼻と喉のリンパ腺で増殖し、鼻汁を出します。ここから、感染は腸の全長に及び、重度の潰瘍を引き起こします。牛疫は、古典的には3つのDによって記述されました。それは、排出（discharge）、下痢（diarrhoea）と死（death）であり、死は急速な脱水による液体損失によります。この病気で感染した動物はおよそ90パーセントが死亡します。

牛疫はヨーロッパとアジアで大きな問題でしたが、19世紀後半にアフリカに伝わり、牛の90パーセント以上を殺さねばならなかったことにより、壊滅的な経済的損失をもたらしました。世界牛疫根絶計画は、効果的なワクチンの使用によって２０１０年までに世界からこのウイルスを一掃するために１９８０年代に準備されました。この計画は成功し、２０１０年10月に牛疫の根絶が公式に宣言されたのです。これまでに排除された最初の動物感染症であり、天然痘についで2番目の感染症です。

院内感染

多くの急性感染性ウイルスは病院や介護施設で増殖し、院内感染症の流行を引き起こします。ＭＲＳＡ（メチシリン耐性黄色ブドウ球菌）、クロストリジウム属、「人食い細菌」A群溶血性連鎖球菌のような悪名高い細菌性感染症などに最近のニュースの見出しは占められていますす。院内ウイルス感染症は報道されなくなりましたが、実際には病棟閉鎖に至るほどの厳しい流行の原因です。

残念なことに、病棟の狭い範囲において患者はウイルスの格好の餌食です。ウイルスは症状がないか、軽い程度の感染を起こし、病棟内を循環しますが、未熟児やがんや慢性疾患で衰弱している患者、老人、免疫抑制状態の患者に感染すれば致命的となります。新しく入院した患者はしばしば感染源となります。しかし、自分が致死的となり得るウイルスを広げているとまったく気づかない健康な病院職員もまれに感染源になり得ます。ノロウイルスは、噴射性の嘔吐を突然に発症するため、とくにコントロールするのは困難です。そして1～2日の潜伏期間はあまりにも短いので、次の感染拡大を止めることができず、しばしば病棟閉鎖となります。

流行において病院は感染症を増幅し、問題が発覚する前に病院外の社会へ感染を拡大してしまう場合があります。香港におけるＳＡＲＳ流行がまさにそうでした。病院を訪問した人が住宅地のアモイガーデンにウイルスを持ち込み、３００人以上が感染し、その中の42人は死亡しました。また、エボラウイルスの流行が認識される以前には、感染は入院患者から病院職員や訪問者により社会にしばしば持ち込まれました。

興味深いことに、はしかは病院の最近の問題になりました。ワクチン接種率の高い国ではしかはまれな病気で、発疹が現れるまでしばしば診断がつきませんが、その間に患者は数日間感染源となります。最近では、病院でのはしかの最初の患者はほとんどの場合、輸入症例であり、ワクチン接種率の低い国の出身か、その国を最近訪問したことのあるワクチン未接種の職員や患者です。免疫系が弱っている患者ははしかによる死亡率が50パーセントに達するため、厳重に防護する看護体制をただちに取り入れて、感染拡大を防ぐ必要があります。

院内感染症の問題は増加しています。いまや、あらゆる病院において院内感染症の拡大を防ぐためには感染症コントロールの専門家チームが必要です。次章では、このような方法では予防できないウイルスについてみていきます。このウイルスは人間により生涯にわたって運ばれ、免疫のちょっとした低下により増殖して他の人に広がります。

第6章

持続感染ウイルス

ウイルスは宿主の免疫と常に戦っています。したがって多くの場合、ウイルスが宿主細胞内で増殖しそこから手ぎわよく脱出するチャンスはごくわずかで、その前に数々の手強い宿主防御機構によって排除されてしまいます。しかし、ウイルスの中には免疫機構に打ち勝つための手段を進化させてきたものもあり、そういったウイルスは宿主体内に長期間、ときには一生感染し続けることができます。ウイルスが宿主の免疫を回避するメカニズムは非常に複雑かつ多様ですが、大きく分けて以下の3つの戦略に分けられます。免疫系の攻撃に見つからないように隠れる戦略、免疫機構をウイルス自身の利となるように操る戦略、高頻度で突然変異することにより免疫の裏をかく戦略の3点です。

生命をおびやかすような病気は宿主に対して有害であることはもちろん、ウイルスの生存場所を奪う結果になるため、ほとんどの持続感染ウイルスは感染時に軽微な症状しか引き起こさず、ときには不顕性感染を起こすように進化してきました。事実、見た目にはまったく悪影響をもたらさないウイルスもあり、そのようなウイルスは発見される機会がめったにありません。その一例として、TTVが挙げられます。TTVは、1997年に肝炎の病原体を調査していた際に発見された小型のDNAウイルスで、ウイルスが分離された患者の頭文字（TT）にちなんで名づけられました。いまでは、TTVや近縁のTTV様ミニウイルスが、ほぼすべてのヒトや霊長類、ならびにその他さまざまな脊椎動物が保有している同様のウイルスの代表種であることがわかってきましたが、現在までに疾患との関連は見出されていません。最新の高感度な検出技術を非病原性ウイルスの同定に応用することにより、今後こういった細胞を通りすぎていく見えないウイルスたちが続々と発見されることが期待されます。

ウイルスが宿主に首尾よく持続感染できる頻度はまちまちですが、ヘルペスウイルスの場合には宿主に害を与えることはめったになく、宿主の生涯にわたって感染し続けることができます。また、レトロウイルスは一般的に一生涯感染し続けますが、HIVのようなレトロウイルスは長い潜伏期間の後に病気を引き起こすことがあります。B型肝炎ウイルス（HBV）などのその他のウイルスは、宿主免疫反応から逃れようと抵抗しますが、多くの場合、最終的にウイルスは排除されます。さらに、ふだんは初期感染後に排除されるウイルスがまれに排除されずに留まる場合も見られます。はしかウイルスはその例で、原因は明らかではありませんが1万分の1の割合で、急性感染後に脳内に潜伏して亜急性硬化性全脳炎（SSPE）とよばれる致死的な脳疾患を発症させます。

宿主細胞内部に外来遺伝子、つまりウイルス遺伝子が生涯にわたって存在するため、ときには持続感染ウイルスが感染細胞を制御不能の増殖、すなわち、がん化へと追いやります。この例として、ヒトT細胞白血病ウイルス（HTLV）、B型肝炎ウイルス（HBV）、C型肝炎ウイルス（HCV）、エプスタイン-バールウイルス（EBV）、カポジ肉腫関連ヘルペスウイルス（KSHV）、ヒトパピローマウイルス（HPV）が挙げられます。このようながんの発達のしくみは第7章で詳しく説明します。

ヘルペスウイルス科

ヘルペスウイルスは古くから「科」を形成しており、共通の祖先はおそらく4億年ほど前のデボン紀の間に進化したと考えられ、この時期は魚類に似た生物が陸に進出しそこにすみはじめた時期と重なります。その際に数々の新たな微生物に遭遇し、その中に含まれていた原始的なファージ様ウイルスが現代のヘルペスウイルスの先祖と考えられています。

このようにかなり初期からヘルペスウイルスは宿主と共に進化しており、双方の生活様式によいかたちで適応するまで互いに選択圧をかけ合い、その結果、通常宿主に害を与えないかたちで長期にわたってウイルスが繁栄してきました。宿主が進化の過程で分岐するのと同時にヘルペスウイルスも分岐したので、ほとんどすべての哺乳類、鳥類、爬虫類、両生類、魚類、そして一部の無脊椎動物は、それぞれ特定のヘルペスウイルスを持つようになったのです。

現在までに150種以上のヘルペスウイルスが同定されており、それらはすべて大型でエンベロープに覆われており、80～150個のタンパク質をコードするDNAウイルスです。ヘルペスウイルスは、宿主以外の外界では単独で生きることのできない弱いウイルスであるため、感染している宿主と感受性のある宿主が密接に接触することにより伝播するのです。

ヘルペスウイルスは例外なく生涯にわたって感染し、しばしばこの感染様式を「潜伏感染」とよびます。ウイルスは自身のタンパク質の発現を止めて宿主免疫から見つからないようになるため、ウイルスは宿主細胞内で休止状態となって生存しているのです。宿主が生きている間にときおり潜伏感染から再活性化し、新たなウイルスを産生します。ウイルスはこの長期戦略を進化させて、子孫をより確実に若くて感受性のある宿主集団に届け、ウイルスの生存を保証しているのです。

ヘルペスウイルスは、生物学的特性、とくに潜伏感染する細胞の種類に基づいて３つの亜科に分類され、α、β、γとよびます。現在までに８種のヒトヘルペスウイルスが同定され、発見された順にヒトヘルペスウイルス（ＨＨＶ）１から８まで名づけられていますが、よりなじみ深い「一般名」もあります（１１０ページの表参照）。

私たちは祖先の霊長類からこれらのウイルスを受け継いでいるため、こうした各々のウイルスにはヒト以外の霊長類にも類似のウイルスが存在しており、それらは他のヒトヘルペスウイルスよりも霊長類ウイルスに似ているのです。私たちと共に進化したことで、ヘルペスウイルスは世界中すべてのヒトの集団に感染しており、この中には最も孤立していたアメリカ先住民族も含まれています。

名称	一般名	亜科	おもな初期症状	全成人における罹患率(西ヨーロッパ)	潜伏部位
HHV-1	単純ヘルペスウイルス1型(HSV-1)	α	口唇ヘルペス	>60	神経節
HHV-2	単純ヘルペスウイルス2型(HSV-2)	α	性器ヘルペス	20	神経節
HHV-3	水痘・帯状疱疹ウイルス(VZV)	α	水ぼうそう	~90	神経節
HHV-4	エプスタイン-バーウイルス(EBV)	γ	腺熱	~90	Bリンパ球
HHV-5	サイトメガロウイルス(CMV)	β	単球増加症状	~50	骨髄幹細胞
HHV-6	–	β	突発性発疹	~90	白血球
HHV-7	–	β	突発性発疹	~90	白血球
HHV-8	カポジ肉腫関連ヘルペスウイルス(KSHV)	γ	–	<5	Bリンパ球

表　ヒトヘルペスウイルスの初感染の症状，罹患率，潜伏部位.

かつてはすべてのヒトヘルペスウイルスが至るところに存在していたと一般的には想像されていますが、今日では、ヘルペスウイルス種の間で感染者数には差があり、その差はおそらく現代社会における宿主間での拡散の成否を反映していると考えられています。ヒトヘルペスウイルスはさまざまな方法で伝播することができます。その方法は、母乳による母親から子どもへの直接伝播（CMV）や、唾液を介して家族間や密接に接触したもの同士での伝播です（HSV-1、CMV、EBV、HHV-6、HHV-7、KSHV）。これらのウイルスのうちHHV-6やHHV-7は最も複製が巧みで、世界中の誰にでも感染しています。また、EBV、HSV-1やCMVも罹患率が高いですが、衛生水準の向上によりこれらウイルスの伝播が起こりにくくなっている地域では、近年罹患率が低くなってきました。興味深いことに、HSV-2やKSHVは他のヒトヘルペスウイルスと比較するとそれほど流行しておらず、限られた地域に分布しており、アフリカの一部で最もよくみられます。これらのウイルスは、幼児期の唾液感染（KSHV）や、成人間での性行為によって感染するため、近年の先進国での文化や生活習慣の変化には適応できないと考えられ、世界での分布がはじめて大幅に縮小すると研究者は推測しています。

ヒトのαヘルペスウイルス亜科に属するHSV-1とHSV-2は、DNAレベルで85パーセント同一ですが、ＨＳＶ-１は顔面などの口唇ヘルペスを引き起こすのに対し、ＨＳＶ-２は性器ヘルペスを引き起こすものとこれまで考えられてきました。こうした相違は、現在でも一般的にはおおむね正しいとされていますが、実際は、両方のウイルスが顔や性器部分の皮膚から感染可能で、今日では性器ヘルペスの少数例はＨＳＶ-１によって引き起こされるとされています。

ＨＳＶ-１とＨＳＶ-２は、切り傷やかすり傷から体内に侵入し、皮膚の細胞に感染・増殖し、新たなウイルスを産生しながら感染細胞を破壊します。ＨＳＶの初感染時に症状が現れることはまれですが、ときおり、口の周囲や内部あるいは性器周囲に痛みを伴う小さな発疹を引き起こします。それらの発疹は無数のウイルス粒子を含み、ウイルスがどのように他者に伝播するか容易に理解できます。

ＨＳＶが皮膚に感染すると、すぐに免疫細胞が引き寄せられ病変部は修復されますが、それよりも前に一部のウイルス粒子は密かに皮膚の神経末端に感染し、神経線維を上行して神経核へ至り潜伏感染します。顔の皮膚から感染したＨＳＶ（おもにＨＳＶ-１）は、頭蓋の底部にある三叉神経節に到達します。一方で、性器から感染したＨＳＶ（おもにＨＳＶ-２）は、脊柱の下部に沿って存在する仙髄神経節に到達します。神経細胞は宿主の生涯にわたって存在し分裂もしないため、ウイルスが身を隠すのに理想的な場所といえます。しかし、長期間の生存を確たるものにするためには、あるときウイルスは目を覚まし感染部位を移動することが必要となります。そのため、ときどき新たに産生されたウイルスが神経線維を下行して、唾液や性器から分泌されます。このような、再活性化は症状を伴わずに起こる場合もある一方、口唇やその周囲に口唇ヘルペスを起こす場合（このケースの40パーセントがHSV-1と関連している）や性器ヘルペスを引き起こす場合（このケースの60パーセントがHSV-2と関連している）があります。個々のウイルス保有者体内でHSVが再活性化するための引き金は明確な場合がしばしばあり、薬や病気による免疫力の低下、発熱、紫外線被照射量の上昇（スキー旅行などでよく起こる）、月経、ストレスなどが知られていますが、再活性化を引き起こす分子メカニズムは未だによくわかっていません。

よく知られているように、水ぼうそうは幼児期の急性感染症です。この疾患については第5章で取り上げましたが、ヘルペスウイルス科に属するVZV（水痘・帯状疱疹ウイルス）は、実質的に感染したすべての人に潜伏感染しています。また、HSV同様、VZVは神経細胞に潜伏しますが、水ぼうそうの発疹は全身に広範囲に広がります。それはこのウイルスが、皮膚へと供給されるほとんどすべての神経に関係する脊椎神経節に潜伏しているためです。

潜伏感染しているＶＺＶは、一生のうちさまざまな時期に再活性化し帯状疱疹(ほうしん)を引き起こしますが、これは高齢者に最もよく起こります。多くの場合、再活性化はひとつの神経細胞で起こり、痛みを伴う小さな水疱状の帯状疱疹が特定の神経に沿って認められます。感染性を持ったウイルスが破傷した部位から放出されることにより、水ぼうそうに感染歴のない人に伝播します。しかし、帯状疱疹は、帯状疱疹や水ぼうそうの感染者から伝染(うつ)ることはありません。なぜなら、帯状疱疹は体内で潜伏感染していたウイルスが再活性化することによって起こるものだからです。

ＨＳＶ同様、ＶＺＶ再活性化の分子機構は不明であり、なぜ共通して眼や首、体幹に分布する神経に起こるのかも謎に包まれています。しかし、この点もＨＳＶと類似していますが、再活性化が起こるのは免疫抑制状態の患者に多く、ＨＩＶ陽性の患者、臓器移植を受けたことがある患者、化学療法を受けている患者に多く認められます。このような免疫力の低い患者の場合、帯状疱疹の症状が重篤となり、全身の広範囲に発症し死に至るケースもあります。しかし、アシクロビルなどの抗ウイルス薬がこの疾病に優れた効果を示します（第８章参照）。

ＣＭＶ（サイトメガロウイルス）は、βヘルペスウイルス亜科に属する3種類のヒトに感染するウイルスの中で、唯一深刻な健康危害をもたらすウイルスです。このウイルスはほとんどの場合不顕性感染しますが、ときおり、初感染時に腺熱（せんねつ）様の症状を引き起こします。しかしもっと重要なことは、まれなケースではありますが、妊婦の血液中にいるウイルスが胎盤を通過し、胎児に感染することです。このとき、感染胎児の約10パーセントが巨細胞封入体症になり、発達遅滞、聴覚障害、血液凝固異常や、肝臓、肺、心臓、脳の炎症といった多岐に及ぶ症状が引き起こされます。

ＣＭＶは、血中単球や組織マクロファージに分化する骨髄幹細胞に潜伏感染します。これらの細胞は血流を介して、潜伏ウイルスを再活性化が起こりやすい組織に輸送します。健康な宿主では、症状を示すことなく免疫系によって処理されますが、免疫抑制状態の患者では、ＣＭＶが増殖することで深刻な症状が引き起こされます。１９９０年代初頭に開発された効果的な抗ウイルス薬が用いられる以前は、ＨＩＶ陽性患者に認められる失明、重度の下痢、肺炎、脳炎などの症状が、ＣＭＶによって引き起こされていました。

γヘルペスウイルス亜科に属するヒトに感染するウイルスであるEBVとKSHVの2種はともに腫瘍ウイルスであり、第8章で取り上げています。しかし、KSHVは初感染において何も症状を示さないのに対して、EBVは伝染性単核球症ともよばれる腺熱を引き起こすことがあります。

幼児期にEBVに感染すると一般的には不顕性ですが、青年期や成人早期まで感染時期が遅くなると、約4分の1の割合で腺熱を引き起こします。実際、発展途上国では幼児期の感染が一般的で、同様に先進国の低所得階級でも幼児期の感染が多く認められます。その一方で、先進国の高所得階級では腺熱が最も蔓延しています。このような事態は高校生や大学生で非常によく発生しており、英国のある調査結果によれば、1年間で約1000人にひとりの大学生が腺熱にかかっていると推定されます。

EBVは血液中のB細胞に感染し潜伏感染を続けます。B細胞は免疫細胞なので、感染によりT細胞応答が過剰になります。実際に、腺熱の典型的症状である咽頭炎、発熱、頸部リンパ節の肥大、けん怠感は、免疫病理学的な観点から見ても、ウイルス感染そのものよりも膨大なT細胞の産生によって引き起こされます。症状はおおむね10〜14日で治りますが、けん怠感は

6か月程度続く場合もあり、ときには患者が通常の生活を送れなくなるほどの影響を与えます。

まれな例として、EBVは腫瘍の原因となり（第8章参照）、その他にもいくつかの疾病の病原体であることが示唆されており、とくに関節リウマチや多発性硬化症といった自己免疫疾患との関連が示唆されています（第9章参照）。

レトロウイルス科

レトロウイルスはさまざまな動物種に感染します。それらの多くは不顕性感染を起こしますが、ごく少数の種では免疫不全や白血病、固形がんの原因ウイルスとなります。ヒトに感染するレトロウイルスで霊長類に起源するものには免疫不全の原因となるものがあります。今日ではこれらをHIVとよび、病原性ヒトレトロウイルスの中で唯一がん化を誘発しません。興味深いことに、古代人のゲノムにはレトロウイルス由来の配列が多数残っており、いまよりもっと多くの種類のレトロウイルス感染の犠牲となっていたことを示唆する手がかりも見つかっています。しかし、それらがヒトゲノム内にいつどうやって入り込み、なぜ維持されたのかは、未だ謎に包まれています。おそらく、私たちの祖先はウイルスに対する抵抗力を獲得して、こうしたウイルスの猛攻撃から生き延び、それができなかった者は単に死に絶えたということでしょう。

ＨＩＶには世界的に流行している亜型であるＨＩＶ-1グループＭだけではなく、ＨＩＶ-1グループＮ、Ｏ、ＰおよびＨＩＶ-2などもあります。現在ではこれらのウイルスがアフリカで霊長類からヒトへごく最近に伝播したものであることがわかっています。ただ、サルからヒトへの伝播自体は歴史を通してたびたび起こっていましたが、感染がその場所から広がらなかったために近年まで気づかれずにいたと考えられます。一方、グループＭ ＨＩＶ-1は、アフリカからハイチへ、そして１９６０年代に米国へ持ち込まれ、１９８０年にはじめて「ＡＩＤＳ（エイズ）」が記述され、さらに１９８３年にその原因ウイルスとして同定されました。ですからこの経緯は、いわばたいへんユニークなケースに相当するといえます。

ＨＩＶ-2は１９８６年に見つかったウイルスで、ＨＩＶ-1との塩基配列の相同性は40パーセントしかありません。ＨＩＶ-2は西アフリカに生息するスーティー・マンガベイというサルの一種が起源であり、ＨＩＶ-1の起源とはまったく異なります。ＨＩＶ-1と同じタイプの細胞に感染し、エイズを発症させますが、感染性が低く、西アフリカでの流行に限局しています。

HIV-1とAIDS

霊長類からヒトへのHIV-1の伝播はごく最近であることから、ヒトにはHIV-1に対する抵抗性が備わっていません。そのため、未治療の感染者はAIDSで死んでしまうといっても過言ではありません。ごく少数の感染者だけが運のよいことに抵抗力を持っています。このメカニズムについては第3章で述べています。また、第1章ではレトロウイルスの生物学とHIVレセプターについて、第4章ではHIVの起源であるチンパンジーからヒトへの伝播とヒトの間での感染拡大、病原体としての同定について述べています。本章ではHIV-1感染とAIDSの病原性について紹介します。

AIDSは同性愛者の男性がかかるものだと当初考えられていましたが、その後、注射麻薬常用者や血友病患者にも罹患リスクがあることがわかり、最終的には異性間の性的接触によっても伝染(うつ)ることが世界的に認識されるようになりました。現在では3300万人のHIV感染者がおり、そのうち、年に約270万人が新規感染し、200万人がAIDSにより亡くなっています。今日ではHIV感染症は世界中に蔓延していますが、とくに発展途上国ではHIV

による被害が甚大です。たとえば、サハラ以南のアフリカ地域では２２００万人ものＨＩＶ感染者がいます。さらにアフリカ諸国では平均寿命が40歳未満に落ち込み、健常者および生産年齢人口の減少により景気の悪化、深刻な貧困化、約１５００万人の孤児が発生するなど、甚大な被害を受けています。

ＨＩＶはＣＤ４とよばれるマーカーをもつ細胞（ＣＤ４陽性細胞）に感染しますが、これは主としてヘルパーＴ細胞・組織にあるマクロファージを含んでいます。ＨＩＶキャリアーの血液や精液・膣分泌物を介して、生殖器粘膜の切り傷や擦り傷、およびＨＩＶ以外の性感染症によって生じた傷口（たとえばＨＳＶ、淋菌、梅毒など）からウイルスが体内へ侵入します。体内へ侵入する際、ＨＩＶははじめにランゲルハンス細胞に感染します。ランゲルハンス細胞とはマクロファージの一種で、外皮や上皮（生殖器上皮も含む）の表面で外来物の侵入を見張っています。感染したランゲルハンス細胞が近傍のリンパ器官、つまり何百万ものＣＤ４細胞が集合している場所にウイルスを運搬することとなります。ＣＤ４細胞は寿命が長いのでＨＩＶに感染するとウイルスを体中に伝播させるうえに、プロウイルスがＣＤ４細胞のゲノム内に組込まれてしまうため、ＨＩＶにとって「持続感染の場」を提供することになってしまうのです。

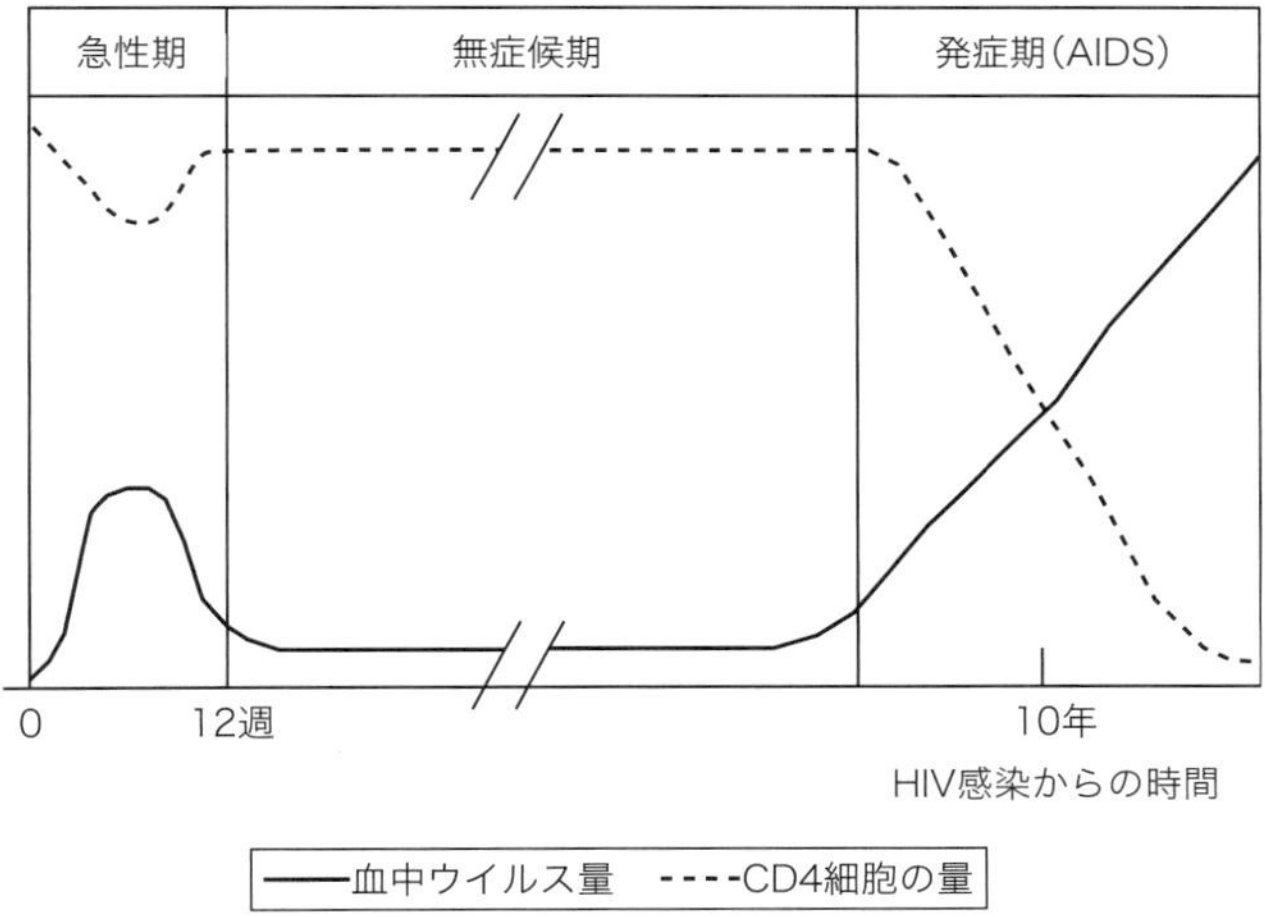

図13　上のグラフは，HIV感染の急性期，無症候期，発症期における血中のCD4細胞の数とウイルス量の変動を示している．

ＨＩＶ感染症の臨床症状は急性期、無症候期、発症期の3つのステージに分かれます。発症期がまさにＡＩＤＳのことを意味します（図13）。ＨＩＶに感染して1～6週目に急性レトロウイルス症候群という初期症状がしばしば起きる場合がありますが、この症状は発熱、喉の痛み、リンパ腺腫脹（しゅちょう）、発疹、身体全体の痛みなどを呈するもので、特異的な症状ではありません。だいたい14日間にわたって続き、その後は完治します。

初期にはＣＤ４細胞でウイルスが複製して、毎日３０００万個以上の

ＣＤ４Ｔ細胞を破壊していきます。これによって、血中ウイルス量は数週間以内にピークに達し、その後は免疫応答反応によって上昇が抑えられます。しかし、ウイルスが完全に体内から排除されることはありません。だいたい半年で血中ウイルス量が低下していき、「セットポイント（定常状態になったときのウイルス量）」のレベルにまで安定します。この値は感染者の個々の免疫応答の強さによって異なり、予後を推測するための指標となります。つまり、セットポイントが高ければＡＩＤＳへの進行が早いとされています。無症候期は、セットポイントの値にもよりますが、治療をしていない場合は6～15年にわたって続きます。一般的にこの時期の全身状態は良好ですが、体内ではＨＩＶと宿主免疫システムのバトルがくり広げられており、体へのダメージが徐々に蓄積していく時期でもあります。初期の感染細胞内のＨＩＶゲノム配列は細胞間できわめて一様なものですが、複製するほど宿主の免疫応答を回避できる変異ウイルスが現れる確率が上がります。この変異ウイルスが体内で増殖すればするほど、Ｔ細胞および抗体と免疫回避ウイルスのせめぎ合いは激化します。ＣＤ４Ｔ細胞は免疫応答の発達に中心的な役割を担っていますが、ＨＩＶが増殖することによって宿主が抵抗できないほどに破壊されるため、結局ＣＤ４細胞の産生ラインが衰えていき、産生数自体が減っていきます。ウイルス増殖をコントロールする抗ウイルス薬を服用しないと、ＣＤ４細胞を補充する生体の力が限界に達し、血中のＣＤ４細胞が１μL中に２００細胞以下という臨界閾値にまで落ちてしまいます。他の病原体に対する免疫もはたらかなくなり、これらの感染の機会が増えていきます。

以上のような免疫力の低下・AIDS発症の兆候として、体重減少、寝汗、反復性の肺感染症、イボなどの皮膚病変、口内炎、口腔カンジダ・ヘルペス感染症などが現れます。その後、CMV、HSV、VZV、TB（結核）などの持続感染性の微生物を含む複数の日和見感染症に感染するようになります。さらに、HPV、KSHV、EBV関連の腫瘍にかかることもあります。AIDSの特徴は、健常な免疫機能を持った人では問題にならないような微生物に感染することです。たとえばAIDS患者ではトリ結核や真菌の一種、ニューモシスチス・イロヴェチ*Pneumocystis jirovecii*（旧名*P. carinii*）により肺炎を患うことがあります。後者は1980年にAIDSが新しい病気として認識されるきっかけになったものでもあります。

中枢神経系症状がAIDSで現れることがよく知られています。HIVが感染初期に脳内へ侵入し、脳細胞へ感染して破壊することによって、脳の進行性・退行性変化によるAIDS関連脳症や認知症を引き起こします。加えて、CMVや誰もが体内に持っているウイルスで、通常は不顕性であるJCウイルス（JCとは最初にウイルスが分離された患者のイニシャル）が

ＡＩＤＳ患者の進行性・退行性脳疾患の一因にもなっています。

ＡＩＤＳ患者はこのような感染によってだいたいは数か月内に死亡する運命でしたが、幸運なことに、今日では抗レトロウイルス治療によっていわば「治療できる慢性疾患」に変貌しました。しかしながらこの治療法にも問題点がないわけではなく、この救命薬にありつけないＨＩＶ感染者が何百万人と発展途上国におり、解決すべき点はまだ残っているのです（詳しくは第８章で述べています）。

肝炎ウイルス

肝炎とは肝臓における炎症を意味する言葉で、アルコールやパラセタモール（鎮痛剤として利用される医薬品）といった薬剤などの有害化学物質はもちろん、さまざまなウイルスによっても引き起こされます。肝臓は十分な余剰容量をもつ大型の臓器であるため、軽度の炎症はしばしば見過ごされます。より深刻なダメージを受けたときに生じるおもな兆候は、黄疸（おうだん）とよばれる皮膚が黄色く変色する現象で、白目の部位で最も顕著にみられることが多いのです。

ＥＢＶやＨＳＶを含むいくつかのウイルスは全身感染の一部として肝炎を起こすことがあり

ますが、それ以外は肝臓をおもな複製部位とするウイルスであって、それらはまったく異なるウイルス科に属するにもかかわらず「肝炎ウイルス」としてひとまとめに扱われています。現在までに5種類のヒト肝炎ウイルスが発見されており、A、B、C、D、Eと名づけられています。HDV（D型肝炎ウイルス）を除いてすべての肝炎ウイルスは、不顕性感染か、あるいは臨床症状を伴う肝炎を誘発します。深刻度は、軽度で自己限定的なものから劇症型、すなわち緊急の肝臓移植を受けない限り命を落とすことが多い急性肝不全までさまざまです。A型およびE型肝炎ウイルスは糞便を介して口腔から感染して伝播し、「感染性黄疸」の流行を引き起こします。衛生環境が整っていない地域では、ほとんどの子どもが幼い時期に感染します。病状が長引くこともありますが、ほとんどの場合回復し、その後ウイルスが体内に残ることはありません。それとは逆に、B型およびC型肝炎ウイルスは初感染後も体内に残り、慢性肝炎、肝硬変および肝臓がんを引き起こします。δウイルスとしても知られるD型肝炎ウイルス（HDV）はヒトに感染するウイルスの中でも一風変わっていて、それ自体では不完全であり、伝播するためにHBVの助けを必要とします。HDV粒子はRNAゲノムとそれを取り囲む自身のタンパク質から構成されますが、HBVの表面抗原に包まれており、これは肝細胞に侵入したり出ていったりする際のレセプターとして機能します。したがって、このウイルスはすでにHBVが感染してその表面抗原を産生している細胞でのみ複製が可能なのです。そのため、

ＨＤＶはＨＢＶとともに伝播するか、ＨＢＶキャリアーに感染することが可能であって、いずれの場合も肝臓へのダメージが高まり、慢性肝疾患の発症を助長することにより病態が悪化する傾向があります。

Ｃ型肝炎ウイルス（ＨＣＶ）はおもに血液に混入することで伝播します。１９７０年代に献血者の血液検査によってほとんどのＨＢＶ感染血液を廃棄したことで、ＨＣＶが輸血に伴うウイルス性肝炎の主要な原因ウイルスになりました。しかし、１９８９年にＨＣＶが発見された後、血液や血液製剤のＨＣＶ検査が行われた後には、静脈注射薬の使用者による注射針の使い回しが主要な感染経路となりました。キャリアーの女性の約10パーセントで胎児への感染が起こっていますが、家族間の接触や性的接触が感染リスクを上昇させる因子とは考えられていません。

現在、ＨＣＶは約１億７０００万人に感染しています。感染は世界的規模で起こっていますが、地域ごとに感染率に大きな差があります。米国、北ヨーロッパ、オーストラリアでは人口の１～２パーセントが感染しており、南および中央ヨーロッパ、日本、中東の一部地域では人口の５パーセント近くが感染しています（図14）。約20パーセントという最も高い感染率が記

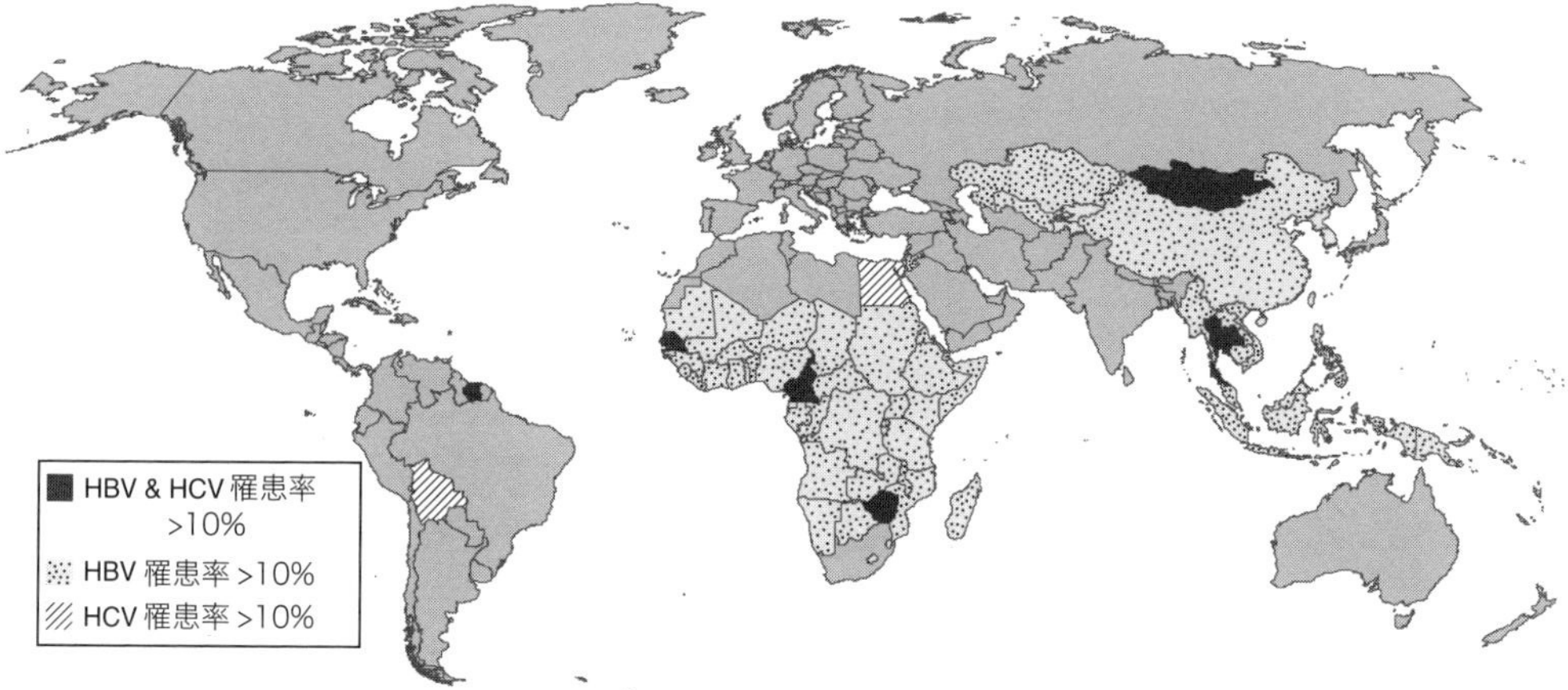

図14　世界のB型肝炎ウイルス(HBV)およびC型肝炎ウイルス(HCV)の罹患率.

録されているのがエジプトです。そこでは、1960年代にビルハルツ住血吸虫感染症の治療計画が行われた際、滅菌していない注射針を使用したことによって気づかないうちにウイルスを拡散させてしまいました。HCVの初期感染者の約4分の1だけが、症状を伴う肝炎を発症しましたが、症状の有無にかかわらず、急性HCV患者の約80パーセントは慢性期へと病状が進行します。

HCVは宿主の免疫をうまく回避する多くの方法を持っています。HCVはRNAウイルスであるため、HIVのように高頻度に変異します。そのため、きわめて高い複製効率と相まって、単一個体中に「類似的な亜種（quasispecies）」とよばれる多岐にわたる小規模な遺伝子変異体が生じます。それら変異体の一部は、ウイルスに対抗するために宿主が特異的に生み出したT細胞や抗体から逃れ、そしてそれら変異ウイルスは免疫系がふたたび特異性を獲得するまでの間、増殖し、その後は他のウイルス変異体がこれに代わって優勢になります。このような免疫によって引き起こされる進化は、際限なく宿主免疫を無効化し続けます。

またHCVは、インターフェロンのような肝臓内でウイルスの拡散を抑制するサイトカインの産生を妨げることにより宿主免疫から逃れます。さらにHCVは、抗HCV免疫を抑制する制御性T細胞を誘導します。HCV感染初期に制御性T細胞が強く誘導されると、低いときと比べてよりウイルス量が多く、より持続感染が成立しやすくなるという知見から、制御性T細胞誘導の重要性が示されています。

HCV感染によって引き起こされる肝臓の損傷が、肝細胞内のウイルス複製に直接起因するのか、それとも免疫反応の結果なのかは明らかではありません。しかし、機構はどうであれ、すべての慢性HCVキャリアーで肝臓の損傷が進行している兆候が見られ、それらの多くは無意識のうちに感染し、そのうちの70パーセントで慢性活動性肝炎と肝硬変の両方またはいずれか一方へと進展しています。強力な抗ウイルス治療はウイルスを除去できる場合がありますが、この治療は高価であり、先進国の医療保健サービスがなければ手が届きません（8章参照）。

世界の人口の3パーセントが感染している現状にもかかわらず、HCV感染を防ぐのに有効なワクチンはなく、このことが現在、西ヨーロッパ諸国で肝不全や肝移植の適応性の最大の原因となっています。また、慢性C型肝炎は肝臓がんの発症とも関連があり（7章参照）、ドナーの血液検査や近年のワクチン計画によってHBV罹患率が減少している国では、いまやHCVが肝臓がんの主要な危険要因となっています。

ＨＢＶは、１９６４年にオーストラリア先住民の血液から偶然発見され、輸血によって起こる肝炎のおもな原因であることが示されました。このウイルスはきわめて感染力が強く、キャリアーの血液や体液中には高いレベルのウイルス量が認められます。ＨＢＶは、歯科用ドリルや使用済み注射針などの血液で汚染された医療器具や、かみそりや歯ブラシなどの家庭用品を介する場合や、入れ墨やピアス、鍼治療などで伝播します。静脈注射を行う薬物乱用者や男性同性愛者ではとくに感染のリスクが高いといえます。

世界中で約3億５０００万人もの人々がＨＢＶのキャリアーであり、さらに多くの人々が過去に感染した形跡を示しています。ＨＢＶの罹患率は地域によって異なっており、東南アジアやサハラ以南のアフリカ地域が最も高いレベルを示しています（図14参照）。

他の肝炎ウイルスと同様に、初回のＨＢＶ感染はたいてい無症状であり、健全な成人は6か月以内にウイルスを排除します。成人のわずか1～5パーセントは、ウイルスの持続感染を引き起こし、その後の人生で肝機能障害や肝硬変、あるいは肝臓がんを発症します。ほとんどの持続感染は、幼いとき、とくに出生時にウイルス血症の母親から子どもへとウイルスが感染することで成立します。小児は免疫機構が未発達なため、出生時に迅速な治療を施さない限り、このケースの90パーセント以上でウイルスが持続感染してしまいます。血液1mLあたり1000万DNAコピー以上のウイルスが含まれるので、他の子どもへと伝播していくことはそれほど珍しくありません。HBV感染者数は、血液や血液製剤中のウイルスをスクリーニングしたことで減少し、さらに1982年に導入されたワクチンは、母子感染がおもな伝播経路であった国々で、その母子感染サイクルを絶つことに成功しました。しかしながら、多くのキャリアーは命の危機が迫るまで感染したことに気づかないため、HBVはいまだなお世界的に大きな問題となっています。いまでは抗ウイルス薬を用いて感染を制御する効果的な方法があるので（8章参照）、リスク集団全員をスクリーニングする場合があります。これにより、早い時期にウイルスを発見し治療することが可能で、無感染であると認識された人に対してのワクチンによる感染予防が可能となります。

持続感染ウイルスは宿主にうまく適応した寄生体で、その生活様式は宿主との間で複雑に均衡が保たれています。大部分の持続感染ウイルスは宿主の生涯にわたって無害であり続けますが、まれに宿主との均衡が崩れ、その結果がんを含めた病気が起きます。次章では、ウイルスによるがんの発生機構を検討します。

第7章
腫瘍ウイルス

腫瘍ウイルス学の歴史は、ふたりのデンマーク人研究者、ウィルヘルム・エラーマンとオルフ・バングが白血病のトリから正常なトリへ白血病細胞の抽出液をろ過したものを注入し、トリ白血病を伝染させた１９０８年からはじまりました。当時白血病が一般的には悪性疾患であるとの認識がなかったために、この実験の重要さは十分には評価されることはなく、１９１１年に米国の研究者ペイトン・ラウスが固形の腫瘍をトリに伝染させて、こうした発見にはじめて反響がありました。両者の実験では、腫瘍成長には何らかのフィルターを通過し得る因子がかかわることが示されましたが、ウイルスの同定や特性の評価は後のこととなりました。このような知識がなかったことや腫瘍が一般的には伝染病のようには広がらないという事実のために、学会がその重要性を把握するのに手間取り、事実、今では「ラウス肉腫ウイルス」として現在は知られるようになったこのウイルスについての実験成果に対して、ラウスがノーベル賞を受賞するのには50年以上も待たざるを得ませんでした。

その間の年月には、他の先導的なウイルス学者たちが腫瘍成長にかかわる複雑な分子機構を解き明かしはじめました。彼らは腫瘍を移植可能な実験動物と細胞培養技術の組合せにより、培養皿で正常細胞を腫瘍様の細胞に変える、すなわち形質転換できる特異なウイルス遺伝子を同定し、これらが実験動物に腫瘍を形成させることを確かめました。これらの遺伝子はウイルスがん遺伝子とよばれ、がん遺伝子が細胞を形質転換していく種々な方法を解明していくことは、がん一般の成長に伴う分子機構を明らかにするうえで有益な方法でした。最も重要なことに、1980年代に正常な細胞遺伝子にもがん遺伝子に相同ながん原遺伝子とよばれるものがあることが発見され、遠い過去のどこかしらで腫瘍ウイルスは感染した細胞からそのがん遺伝子を拾い上げた、すなわち形質導入を行ったのだという理解にたどり着きました。

腫瘍はある組織内の単一の細胞が何らかの理由で通常の増殖を制御している制約から外れたときから成長し、チェックされないまま複製されます。この身勝手な細胞は同様の細胞を数多く増殖し、腫瘍（がん）を形成して周辺組織へと侵入し、さらには原発の場所から広がっていくこともあります。

健常な細胞は多くの複雑な化学的チェックや、適切なときに増殖、分裂、加齢さらには死へと進むような均衡を取るようになっています。したがってがん細胞の成長には、これらの強力な細胞制御にかかわる遺伝子の機能が変異していることは驚くにはあたりません。

3人にひとりは一生のうちのどこかでがんを発症し、毎年1100万人が発症し、600万人をはるかに越えるがんによる死者が世界中で出ています。ほとんどの場合その原因は不明ですが、環境因子との関連性がよく知られています。似た症状として、喫煙によって引き起こされる肺がん、強い日照が関与する皮膚がんがあり、アスベストの吸入は肺下にある中皮腫といった腫瘍をもたらすとされています。しかし、がんは単一細胞による急な一度の過程の中で起こるわけではなく、長い時間をかけて細胞に変異を起こす一連の作用(あるいは事柄)の結果、最終的にがん細胞となります。これら変異を引き起こす作用にはタバコや紫外線、アスベストといったものも挙げられます。ヒトゲノムがすべて解明されたいま、研究者たちはがん細胞に起こる変異を列挙していますが、これを引き起こす作用はまさしく無限にあるとされています。がんを引き起こす作用のうちのひとつにはウイルス感染によるものもあり得ますが、がんを引き起こすためには、他にも多くの作用が必要とされることから、腫瘍は一般的にまれであり、これは腫瘍ウイルスによる感染を受けてからかなりの時間を要するものと考えられています。

ヒト腫瘍ウイルス

動物におけるウイルスと腫瘍の関係がようやく理解された後、研究者たちは引き続き似たような関係をヒトで探そうと努めましたが、やがて多くの人はその存在すら疑いはじめました。1960年代にはじめてヒト腫瘍ウイルスの候補が確認されたときも、一般的に受け入れられるには時間がかかりました。ふたたび、腫瘍ウイルスが伝染するという明白な証拠はなくなり、ウイルス感染は、起こすはずの腫瘍よりはるかに起こりやすく、広範囲に伝播することが明らかになりました。多くの人にはこの関係は、偶然の観察であって、ウイルスは腫瘍成長を促すのではなく、腫瘍細胞を通り過ぎるただの因子であると考えられました。実際、各ウイルスが異なる機構を持ち、腫瘍の形成においても自らの特性を持った補助因子が存在するため、ウイルスがヒトがんの原因となっていることを証明するのはいまもって非常に難しく、ウイルスと腫瘍の関係を実証する基準を描くことすら難しいのです。しかし、一般的には、以下のような基準が適用されます。

・ウイルスの地理的分布は腫瘍のそれと一致する
・ウイルス感染の発生率は正常なものより腫瘍を持つもののほうが高い
・ウイルス感染は腫瘍成長に先行して起きる
・腫瘍の発生頻度はウイルス感染の抑制により減る
・腫瘍の発生頻度は免疫不全の人のほうが高い

腫瘍ウイルスと疑われるウイルスとしては、
・ウイルスゲノムは腫瘍に存在するも、正常細胞にはない
・ウイルスは培養組織下で細胞に形質転換を起こす
・ウイルスは実験動物において腫瘍を形成する

世界的に、女性における子宮頸がんやおもに男性に多い肺がんといった一般的な腫瘍も含め、10~20パーセントのヒトがんにはウイルスが関与します。いまのところ、発見されたヒト腫瘍ウイルスのすべては持続感染性のウイルスであり、宿主の免疫応答から逃れ、長期間存在します。ウイルスにとってこの環境下にいることはかなり快適であり、ウイルスの生存にとっては宿主を壊す利点はないのに、なぜ腫瘍形成能を獲得するように進化するのか、その理由が

わかりにくくなっています。しかし、少なくとも部分的にはウイルスによる腫瘍形成の機構が理解されたいま、細胞の形質転換は、ウイルスの生存にきわめて重要な機能とは違った機能によって引き起こされ、またそれは一般的に多くの補助因子を伴うことが明らかです。この原則の例外としては、がん遺伝子を保有するレトロウイルス群に属する発がんウイルスが挙げられ、これらは細胞の形質転換するために直接はたらきます。

発がん性レトロウイルス

今日知られているヒト腫瘍ウイルスのほとんどは持続感染性DNAウイルスですが、ラウス肉腫ウイルス（RSV）を含め、動物ではじめて発見された腫瘍ウイルスの多くはRNAウイルスでした。これらのウイルスが細胞に感染すると、自らのRNAゲノムのDNAコピー、すなわちプロウイルスを作製するという著しい特徴があります（第1章参照）。このプロウイルスは細胞ゲノムに組込まれ、その後細胞のDNAと共に複製されていきます。この驚くべき機構は、免疫による攻撃からウイルスを守り、細胞が生存する限り存続することを可能とするだけでなく、細胞固有の遺伝子発現様式を再プログラム化する能力も持つことにより、細胞増殖制御機構に影響を及ぼします。

ヒト発がんレトロウイルスでこれまで唯一確立されたのはヒトT細胞白血病ウイルスで、これは広義のレトロウイルス群に属し、サルやウシ白血病ウイルスもこれに含まれます。これら3つのウイルスは宿主によって形質導入された遺伝子は保有していませんが、pXとよばれる領域がゲノムにあり、細胞の形質転換を含む多様な機能を持つ遺伝子がこれに含まれます。しかし、これら3つすべてのウイルスは腫瘍を形成することはまれであり、たとえ腫瘍を形成する場合でも感染から何年も経った後のことです。これは、感染だけでは十分ではなく、また腫瘍形成過程において細胞側の未知の変異が関与していることを示唆しています。

ヒトT細胞白血病ウイルス（HTLV-1）

HTLV-1は世界中の異なる地域でおおよそ2000万人もの人に感染しています。幸運にも、HTLV-1関連の疾患が現れる割合は数パーセントであり、一般的に数十年の潜伏期間を経たのちに現れます。これらの病気には成人T細胞白血病や熱帯地方の痙攣（けいれん）を伴った不全麻痺ともよばれる良性の脊髄症といった病気も含まれます。後者は、何十年もかけて障害が進行する慢性の神経疾患であり、半数以上の患者が最終的には運動能力を失ってしまいます。

HTLV-1は1980年に米国ボルチモアのロバート・ガロと彼のチームにより、ヒト腫瘍レトロウイルスを集中的に探っていた際に単離されました。彼らは、当時確立されたインターロイキン２（ＩＬ-２）とよばれるＴ細胞成長因子を用いてはじめて細胞培養により白血病誘発Ｔ細胞を生育させて、それをレトロウイルスの複製により産生される酵素、つまりは逆転写酵素の新しい測定法とを組み合わせたのでした。彼らはただひとりの患者の細胞培養から逆転写酵素を産生する白血病細胞を見つけ出し、この患者の細胞から最終的にＨＴＬＶ-１を同定しました。その数年前には、京都大学の高月清と共同研究者とが成人Ｔ細胞白血病（ＡＴＬ）という新しい疾患を記述していました。その疾患はとくに日本の南西部に集中して症例が見られたことから、環境性または伝染性の原因を持つことが示唆されていました。１９８１年には、日本の研究者らは培養ＡＴＬ細胞からレトロウイルスを同定していましたが、それは結果的にＨＴＬＶ-１と同一でした。

日本では、約１２０万人の人がＨＴＬＶ-１に感染していて南西部の地域の発症率は５％程度であると考えられていますが、他にはサハラ以南のアフリカやカリブ地方、南アメリカのいくつかの地域、中東、メラネシア（図15参照）がＨＴＬＶ-１高発症の地域に含まれています。なぜこのウイルスが点在した地域に広がったのかは定かではありません。最近の分子研究ではＨＴＬＶ-１はアフリカやアジアで旧世界ザルが保有しているサルレトロウイルスを最も近縁

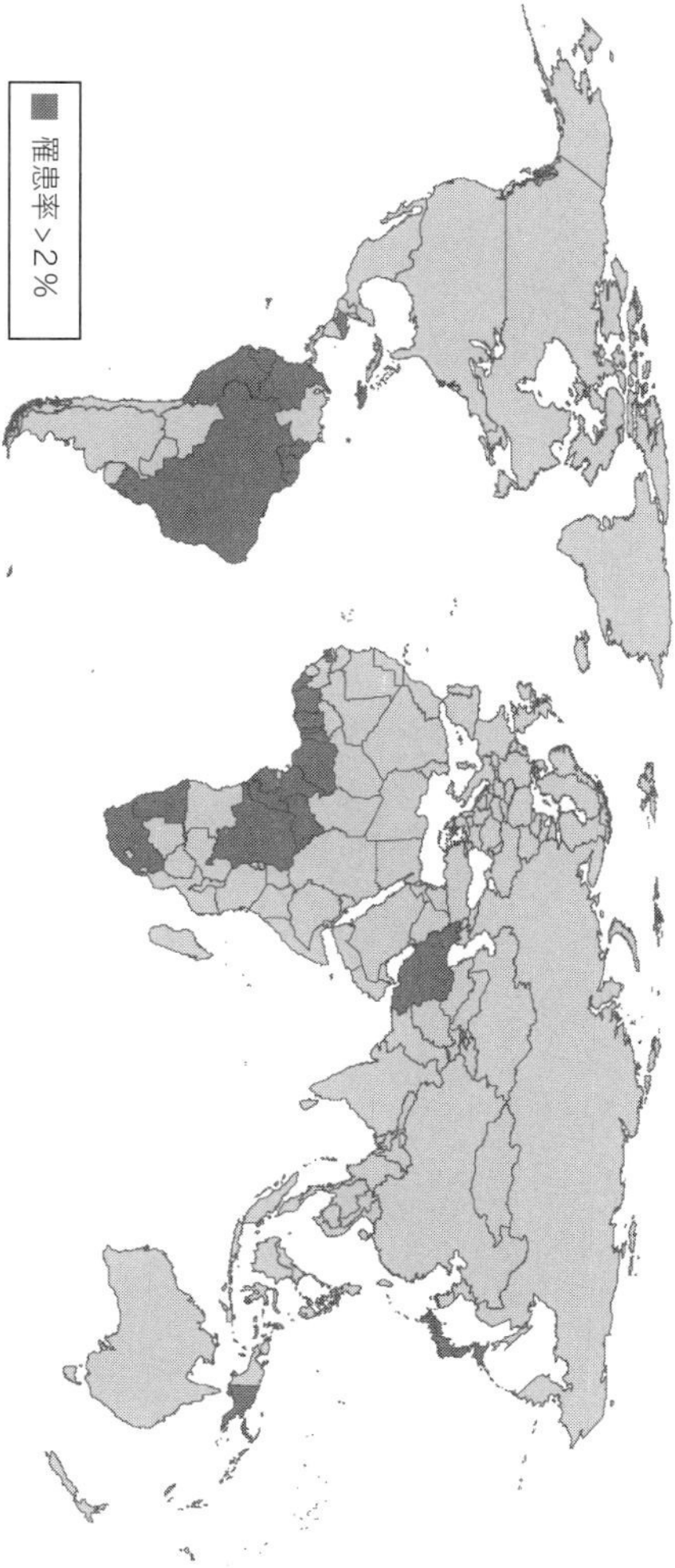

図15　世界のヒトT細胞白血病ウイルス(HTLV-1)の罹患率.

なものとしています。これらが動物からヒトへと感染した証拠も見つかりました。新しい宿主で繁殖したこれらのウイルスは、ヒトの祖先の移住により広まりました。アジア本土からの侵入により先住民を追いやった紀元前３００年以前に、ひとつの株がすでに日本へ及んでいたと考えられ、これらの地域で現在でも高い罹患率がみられる理由を説明する一説となっています。もうひとつのアフリカからはじまった株は、おそらく奴隷貿易によりカリブへ送られ、そこから南アメリカへと渡ったと考えられます。

ＨＴＬＶ-１は第一に血球Ｔ細胞に感染します。広がり方にはおもに、母から子への伝播、性行為、そして輸血といった細胞血液物質の注入や薬物乱用者による針の使いまわしなどの血液を介するものの3通りがあります。日本では、母から子への伝染が一般的なルートであり、おもに母乳により、ウイルスを保有する母親を持つ赤ん坊の25パーセントが感染しています。

ＨＴＬＶ-１は一生にわたって血球Ｔ細胞に存続しますが、感染したこと自体は一般的には無害です。しかし、2～6パーセントの症例ではＡＴＬまたはリンパ腫へと進んでいき、両者とも悪性で治療が困難であるため急速に致命的となっていきます。ＡＴＬは成人の病気ですが、この病気で苦しむほとんどすべての患者たちはこのウイルスを幼少の頃に母親から感染を受けており、この病気は長期の潜伏期間を持つことが示され、これはＨＴＬＶ-１感染はＡＴＬを引き起こすために必要な連続した細胞事象のひとつにすぎないことを示します。研究により、ＨＴＬＶ-１の主要な形質転換遺伝子として「*tax* 遺伝子」が同定されました。これは細胞増殖や細胞死の減少、さらにはウイルス複製などを含む多くの機能をもつ「Tax タンパク質」をコードしています。とくに重要な tax の機能のひとつは、自己刺激による増殖回路の構築であり、このタンパク質は細胞にＴ細胞成長因子（ＩＬ-２）を産生させると同時に、細胞表面でのＴ細胞成長因子レセプターの発現を増やします。これらすべての機能は、体内での感染細胞数を増やすことによりウイルスの生存を高め、また感染細胞において起こるランダムな変異の機会を増やします。

ＡＴＬに非常に効果的な治療法といったものはなく、ＨＴＬＶ-１に対して感染を防ぐワクチンもありません。しかしほとんどの国では輸血のための血液には通常ＨＴＬＶ-１を検査項目に入れており、このルートによる感染の広がりを防いでいます。加えて、母親から子への感染のほとんどは、妊産婦検診やＨＴＬＶ陽性の母親に授乳を避けるようアドバイスすることにより防ぐことができます。日本でこの検診は行われていますが、ＡＴＬの発症に対する効果はあと数十年しないとはっきりしません。

ヘルペスウイルス

第6章で述べているように、ヘルペスウイルスは免疫応答を回避し、また宿主に生涯にわたって感染し続けるための機構を進化させてきたので、幅広く分布していて成功を治めたファミリーといえます。こうした持続感染の大多数は痛みもなく症状が現れませんが、ときおり問題が現れることもあります。ヒトやほかの脊椎動物に感染する相当な種類のヘルペスウイルスには、腫瘍の発生がみられることがあります。

これまでに知られている8つのヒトヘルペスウイルスのうちふたつは、発がん性のあるエプスタイン-バーウイルス（EBV）とカポジ肉腫関連ヘルペスウイルス（KSHV）です。両方のウイルスは密接な接触により広がり、おもに幼少期においては唾液を介して起こります。大人の間では、KSHVはとくに男性の同性愛者の間で性行為により広がり、またEBVも性的に伝播するという証拠もいくつかあります。これらのウイルスは血球B細胞において首尾よく潜伏することができます。EBVはまた粘膜表面の内側を裏打ちする上皮細胞において、KSHVは血管内の内皮組織細胞において複製します。

ほかのウイルスと比較してヘルペスウイルスのゲノムは大きく70～100遺伝子間をコードしており、そしてEBVとKSHVともにある時に宿主細胞の増殖を引き起こすことのできる一連の潜在遺伝子セットを自ら保有しています。これらの遺伝子が適切なタイミングで発現することによりウイルスの体内での持続感染が可能になると考えられています。いくつかの潜在遺伝子（訳注：ふだんは発現していないので潜在とよぶ）はウイルスのがん遺伝子ですが、レトロウイルスのように宿主ゲノムから自身のがん遺伝子を得たのではなく、これらはウイルスに特異的ながん遺伝子です。これらのがん遺伝子は細胞の制御機構を妨げ、細胞増殖を進め、ウイルスの長期的な生存を高めるのです。

EBVとKSHVは地理的に限られた領域で腫瘍を引き起こすことから、地域独特の行動因子が関与すると考えられています。免疫系が抑制されている人々もまた、潜在的ウイルス感染を制御することができないため、これらのウイルスによる腫瘍形成のリスクがあります。

EBVは1964年、ロンドンを中心に活躍したウイルス学者アントニー・エプスタインが、2年かけてバーキットリンパ腫（BL）の生検材料の中にあるウイルスを調べているときに発見されました。中央アフリカで最も一般的な小児腫瘍であるBLは、ウガンダで働いていたイギリス人外科医デニス・バーキットによってはじめて記述されました。そのB細胞を標的とする腫瘍は、おもに7～14歳の子どもを標的とし、とくに男児でよく起こります。この臨床報告は衝撃的で、多くはあごの周りが急に腫れて、治療しなければ急速に致命的となります。バーキットは腫瘍の発生する地域を地理的に調べて、その地域を年降水量が55センチメートルを越え気温が16℃以下にならない赤道付近のアフリカ低地帯としました（図16）。このように厳密に地域が限定されたことから、エプスタインは腫瘍は感染性ウイルスに起因していると提案し、研究をはじめました。彼と彼の大学院生イボンヌ・バーは培養BL細胞からついに新しいヘルペスウイルスを同定し、彼らの名前を冠してエプスタイン-バーウイルスと名づけられましたが、すぐにこれはどこにでもあるウイルスであることが明らかになり、中央アフリカの子どもたちに限られて引き起こされる腫瘍原因となっていることを証明することが困難となりました。

いまはすでにパプアニューギニアの沿岸地方においてもBLはよく起こることがわかっており、熱帯BL腫瘍の約97パーセントはEBVを保有するとされています。また、発症率は低いもののBLは温帯地方でも生じますが、EBVを伴う腫瘍は約25パーセントにすぎません。驚くことにウイルスのがん遺伝子はBL細胞では発現していないので、細胞の形質導入における

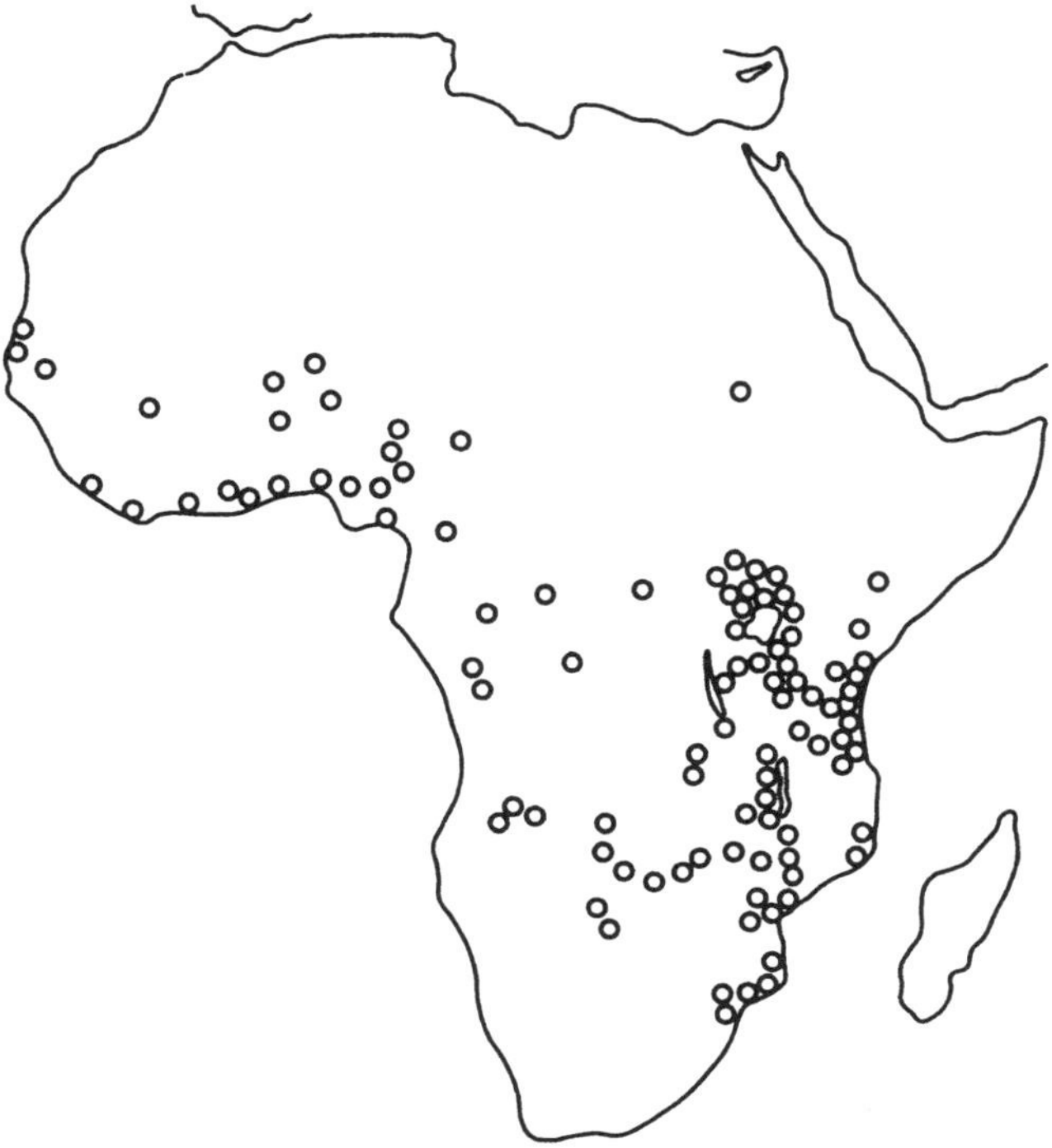

図16　バーキットが作製した，アフリカにおけるバーキットリンパ腫(BL)の発生地域を示す地図.

ＥＢＶの役割は不明です。一方、細胞の遺伝的異常はＥＢＶが検出されるかどうかによらず、すべてのＢＬ腫瘍細胞に存在します。これは、*c-myc* とよばれる細胞のがん遺伝子を通常の座位、すなわち染色体８番からほかの座位へと動かす染色体転座を伴っています。この転座により、がん遺伝子の制御ができなくなり、無秩序な細胞増殖をもたらします。これは明らかに腫瘍形成の重要なステップとなります。

バーキットにより定義された、ＢＬ発生地域にみられるアフリカの局所的な気候はニューギニアにも当てはまり、年中起こるマラリア感染の発生地域にそっくりです。マラリアに関しては、これらの気候条件は媒介生物である蚊の生殖条件により決定されています。ＥＢＶは蚊によって広がるわけではありませんが、マラリアはＢＬの進展のリスク因子に加えられるものと考えられています。おそらくそれは、マラリアによる慢性の炎症がＥＢＶ感染Ｂ細胞の生存率と増殖活性を高めるためでしょう。しかし私たちは、未だにマラリア感染、制御を失った *c-myc* 遺伝子、そしてＥＢＶ感染が腫瘍進展をどのようにして協働して増進するのかわかっていません。

興味深いことに、世界中のＡＩＤＳ患者がＢＬを併発する症例がみられますが、こうした腫瘍の約4分の1にしかEBVは検出されません。これはHIV感染では免疫抑制と慢性の炎症を伴うことから、腫瘍進展におけるEBVとマラリアの必要性を置き換えることができることを示唆しています。

生まれつきの免疫欠陥のある人、もしくは臓器移植を受けた人が拒絶反応を防ぐ薬などの免疫抑制薬を服用して免疫機能が抑制されているときにみられるEBV関連腫瘍の場合については、より明確に説明できます。とくにT細胞免疫の抑制では、EBV感染細胞がウイルスのがん遺伝子の発現を許容してしまうのでEBVにその生存と増殖、さらには腫瘍を起こさせる機会を与えることすらあります。この事実は腫瘍の形成に直結しているようにみえますが、免疫抑制を受けている人々の少数のみが腫瘍を形成している事実から、その他の因子、おそらく細胞側の突然変異が腫瘍の進展に必要であるものと考えられます。

EBVはホジキン型リンパ腫の症例のうちの約50パーセント、とりわけ発展途上国の子どもたち、HIV感染者、コーカサス地方の年配の人にみられ、また中国南部で一般的な上咽頭がんとよばれる鼻粘膜の上皮腫瘍や胃がんの症例のうち約10～20パーセントにも同様にみられます。

米国のピッツバーグの夫婦の研究チーム、ヤン・チャンとパトリック・ムーアによる、HIVに感染している人におけるカポジ肉腫（KS）の流行をきっかけとした研究の成果として、カポジ肉腫関連ウイルスは1994年に発見されました。カポジ肉腫は3つの形態を生じ、ひとつ目の古典形はオーストロハンガリアン語族の皮膚病学者モーリッツ・カポジ（1837～1902年）によって1872年に記述されました。これは地中海地方やヨーロッパ東部、またはユダヤ人の血統を持つ年配者の皮膚に、多数の赤茶色の斑点として特徴的に現れます。この型は進展が遅く、内臓に侵入することはまれです。ふたつ目は風土病の形態を持つタイプであり、アフリカ東部で見つかり、古典形に類似しますが、内臓への侵入がより起こりやすいのです。3つ目のKSタイプはAIDS関連であり、はじめは西部の同性愛者の男性にとても多かったのですが、HIVのためのレトロウイルス治療の導入によりそこでの発症が低下し、現在ではHIVに随伴した腫瘍が一般的となっているサハラ以南のアフリカで増加しています。

KS（カポジ肉腫）の患部は、紡錘細胞として知られるKSHVに感染した内皮細胞からなります。加えて、このウイルスは過度の血管新生を刺激する因子を産生するので、腫瘍に特有の赤い色合いを患部に持たせています。ウイルスゲノムはがん遺伝子や増殖因子、また増殖因子レセプター遺伝子を含み、これらはいずれも腫瘍細胞の増殖を刺激します。KSHVはまた、まれなB細胞腫瘍である多中心型（全身性）のキャッスルマン病や原発性滲出液リンパ肉腫をも引き起こします。これらすべての腫瘍形態は免疫が抑制されているときにより生じやすくなります。

肝炎ウイルス

世界中で一般的ながんの十指に入る原発性肝臓がんは、世界的な健康課題のひとつであり、25万を超える症例が毎年診断され、そうした患者のうち5年後まで生きられるのはたった5パーセントの人だけです。この腫瘍は女性より男性で多くみられ、10万人に5人以下の確率で発症する米国やヨーロッパに比べ、10万人に30人以上も発症するサハラ以南のアフリカや南東アジアで最も流行しています。これら腫瘍の80パーセントは肝炎ウイルスによって引き起こされ、残りはアルコールなどの中毒性要因による肝臓の損傷に由来します。

前章でみてきたように、ヒト肝炎ウイルスにはA、B、C、D、Eの5つの型が存在し、そのうちB型およびC型肝炎ウイルス（HBV、HCV）が肝臓がんを引き起こします。これらふたつのウイルスは類縁関係にはなく、HBVが小さなDNAへパドナウイルスであるのに対して、HCVはRNAゲノムを持ったフラビウイルスです。しかし両者とも、高い選択性で肝臓を攻撃してただちに激しい肝炎の症状を起こすか、もしくは無症状の感染に留まります。このウイルスは持続感染して肝臓損傷を引き起こし続け、肝硬変、また不幸な場合には肝臓がんを引き起こす人もいます。

HBVと肝臓がんの関係性は、高レベルのウイルス感染と腫瘍の出現の間で地理的な一致がみられたことから支持され、これらは南アメリカやサハラ以南のアフリカ、南東アジアで発生します（6章図14参照）。加えて、1990年代に台湾で2万2000人を対象に行われた大規模な疫学研究では、HBVの持続感染を受けている人はHBVを保有しない人に比べて20倍の確率で肝臓がんを発症し、そしてこのグループ内で亡くなった半数以上の死因は肝臓がんもしくは肝硬変によるものでした。

しかし、HBVによる腫瘍進展の機構はすべてが明らかになっているわけではありません。初期感染から何年も後に腫瘍は進展することから、腫瘍が発生するのにはいくつかのまれな出来事が必要であるはずです。ウイルスは、組織培養で肝臓細胞を形質転換したり、動物に腫瘍を誘導するタンパク質はコードしないものの、細胞の遺伝子を活性化させることで細胞の増殖制御機構に影響する可能性があるＸとよばれる遺伝子を保有します。また、腫瘍の大多数は細胞のＤＮＡに挿入したＨＢＶゲノムのコピーをひとつ以上含んでいます。染色体への挿入部位はランダムであって、レトロウイルスの場合とは異なり、挿入はＨＢＶの本来の感染周期の過程ではなく、おそらくＨＢＶ感染細胞の分裂の間に事故のように生じるのでしょう。この事象は生涯続く感染中に何度か起こると考えられますが、挿入部位によってはＸ遺伝子が細胞の遺伝子に影響し、細胞増殖に有利なようにバランスを傾かせることに成功し、腫瘍成長を促進させることになります。さらに、肝臓細胞への持続感染による炎症は、度重なる感染のくり返し、免疫破壊、そして時として肝硬変へ導く肝臓細胞の再生により、腫瘍成長を助長する増殖因子を供給し続けることになります。一方、保存状態の悪い食物に生じてこれを汚染する特定の毒素も動物に対して肝臓がんを引き起こします。そのことから、菌類により産出されるアフラトキシン（Aflatoxin）Ｂ１は、ヒトの病気におけるウイルス以外の共同因子として作用するひとつの例といえるでしょう。

　ＨＢＶに対するワクチンは入手可能であり、１９８０年から予防接種でこのワクチンを計画的に使用している台湾で、すでにＨＢＶによる肝臓がんが減少しています（第８章参照）。

ＨＢＶと同様に、ＨＣＶの持続感染も原発性肝臓がんに関与しており、ＨＢＶワクチン計画をがんリスクの高いグループに施したおかげで肝臓がんの率が近年下がった国々では、いまではＨＣＶのほうが肝臓がんのおもな誘因となりました。

ＨＣＶの腫瘍進展の機構は解明からほど遠く、最近までウイルスは培養下では増殖できなかったため、研究計画はひどく停滞していました。しかし重要なのは、腫瘍組織についての幅広い研究によってもウイルスの形跡を何ひとつ見つけることができず、形質転換するウイルスの遺伝子を同定することもできませんでした。これらの事実は、腫瘍成長におけるウイルスの役割は完全に間接的であることを示唆します。おそらく、何十年もの間ウイルスによって刺激された慢性炎症の過程が、まれに腫瘍形成を誘導するのに十分なのでしょう。

パピローマウイルス

ほとんどの人が、手のイボや痛みを伴う足の裏のイボに苦しんだことがあるでしょう。これらはヒトパピローマウイルス（ＨＰＶ）によって引き起こされ、１００を超える異なったタイプのウイルスからなる大きなファミリーから形成されています。ＨＰＶの感染はよくみられることで、イボなどを引き起こすもののようにほとんど害がありませんが、いくつかのタイプはがんを引き起こします。なかでも女性の子宮頸部におけるがんが最も一般的です。

パピローマウイルスによる肌イボは、ニューヨークのロックフェラー研究所でペイトン・ラウスと共に働いていたリチャード・ショープにより１９３０年にはじめて記述されました。彼は、「アイオワ州のウサギには角がある」という狩人たちの話を究明することにしました。その角はイボ状の皮膚腫瘍であることが判明し、ショープは健常なウサギの皮膚に塗ると同様のイボ状の傷を引き起こすろ過性の作用物質を抽出することができました。これは時として浸潤性の腫瘍へと成長しました。しかし、当時彼は、これらのイボ状の病変を引き起こすタイプのウイルスであるということしか推測できませんでした。

現在では、ＨＰＶは扁平上皮細胞を標的とすることがわかっています。この扁平上皮細胞というのは私たちの体の外側の皮膚をつくり上げている厚い層の細胞で、生殖器官、口、喉、上喉頭といった特定の内臓の一部を覆っています。上皮の基底層は、一生涯にわたって細胞分裂を続けて自己再生能を持つ幹細胞を含んでおり、通常は、幹細胞による産生と、皮膚表面からの死細胞の除去との間で細胞数の増減が繊細なバランスを保っています。ＨＰＶは小さな切り傷や擦り傷を通って入り、これら上皮幹細胞で持続感染をするようになります。ＨＰＶゲノムは細胞分裂のたびに複製し、ひとつのコピーを幹細胞の子孫に伝えることにより宿主での長期的な存続を確保します。2回の分裂後、娘細胞は上皮へと到達し、その成熟がHPVへのシグナルとなりウイルス産出が開始されます。その結果、細胞が死に、表面からはがれ落ちる際には新しい宿主へ感染できる何千ものウイルス粒子を含んでおり、性行為などの濃厚な接触により広がります。

HPVと子宮頸がんとのかかわりは、1970年にニュルンベルクのドイツ人ウイルス学者ハラルド・ツア・ハウゼンにより示唆されました。そして彼が関係を実証し、この発見により2008年のノーベル賞を受賞しました。現在ではほとんどすべての子宮頸がんの細胞、また子宮頸がんほど一般的ではない皮膚や口、喉や喉頭のがんにも同様に、HPVのDNA、とくにタイプ16と18が存在することがわかっています。

HPVのDNAゲノムは小さく、8から9つの主要遺伝子のみからなります。自然の感染では自らのゲノムを増殖させる必要があるため、細胞の装置を利用できるよう、E6とE7とよばれる遺伝子が細胞の分裂を促進する役割を果たしています。したがって、HPV感染細胞は、たいてい非感染細胞より速く増殖し、結果的に典型的な小さなカリフラワーの形をしたイボとなります。しかしこれだけではがんにはつながることはなく、とくに宿主細胞へのウイルスゲノムの挿入など悪性変化によりほかの因子を生じる必要があります。HBVの挿入のようにこれはまれでランダムな事象であって、細胞分裂における間違いの結果として起こるのであろうと考えられています。それはウイルス遺伝子の発現の制御がとれなくなり、E6とE7の過剰発現を引き起こし、その結果、細胞分裂の速度を上昇させることになります。

これら実験室での研究結果は、がん患者でない何人かの女性の頸部におけるHPVタイプ16と18の臨床観察と合致します。事実、18～25歳の健常な米国人女性を検査したところ、46パーセントの人はHPVを保有する結果を示し、そのうち約3分の1はタイプ16と18でした。さらに、1960年に実施された子宮頸がんの通常のスクリーニング検査では、上皮層内に局在した異様なウイルス感染細胞で、前がん症状が同定されました。これは、頸部上皮内腫瘍形成（CIN）とよばれ、進行度によってⅠ～Ⅲに分類されます。HPV DNAはどの段階にも存在し、どの段階でも自然体へと戻り得ますが、ⅡとⅢの段階を治療せずに放置すると浸潤性のがんへ進行する可能性が高まります。

HPV感染や生殖器がんを増やす要因には、若い頃のはじめての性行為や多数との性的関係、経口の避妊薬、そしてその他の性的な伝播による感染などがあります。一度感染すると、喫煙者や免疫不全の人、身内にこの病に冒されている人がいる女性においてがんの進展の危険性が高くなります。後者の例は、この疾患に対する遺伝的素質があることを示しています。

頸部のスクリーニング検査によって危険性の高いＨＰＶタイプの感染を受けている人を選び出して、ＣＩＮの動向を追うことはできますが、残念ながら、現時点では決定的に誰が明白にがんを進展するのか予測することはできません。さらに頸部がんの罹患率が高いと考えられる発展途上国では、高額すぎて検査を施行することができません。

頸部のがんの発生率は国ごとに大きく違い、南アフリカと中央アメリカでは女性で最も一般的に診断されるがんです（図17参照）。世界的に最も高い、この地域では年に50万人近くが新しく発症し、25万人以上が毎年子宮頸がんで亡くなっています。スクリーニングの導入により西洋諸国では発症と死亡率は落ちたものの、現在全体の85パーセントの発症と死亡を占めている発展途上国ではこれは当てはまりません。最も発がん性の高い２種のＨＰＶの感染を防げば頸部のがんの発症を激的に減らせるものと期待して、ＨＰＶ16と18に対するワクチンがいま米国や英国、ヨーロッパ大陸の10代の女の子たちに提供されています。ワクチンの施行は頸部の

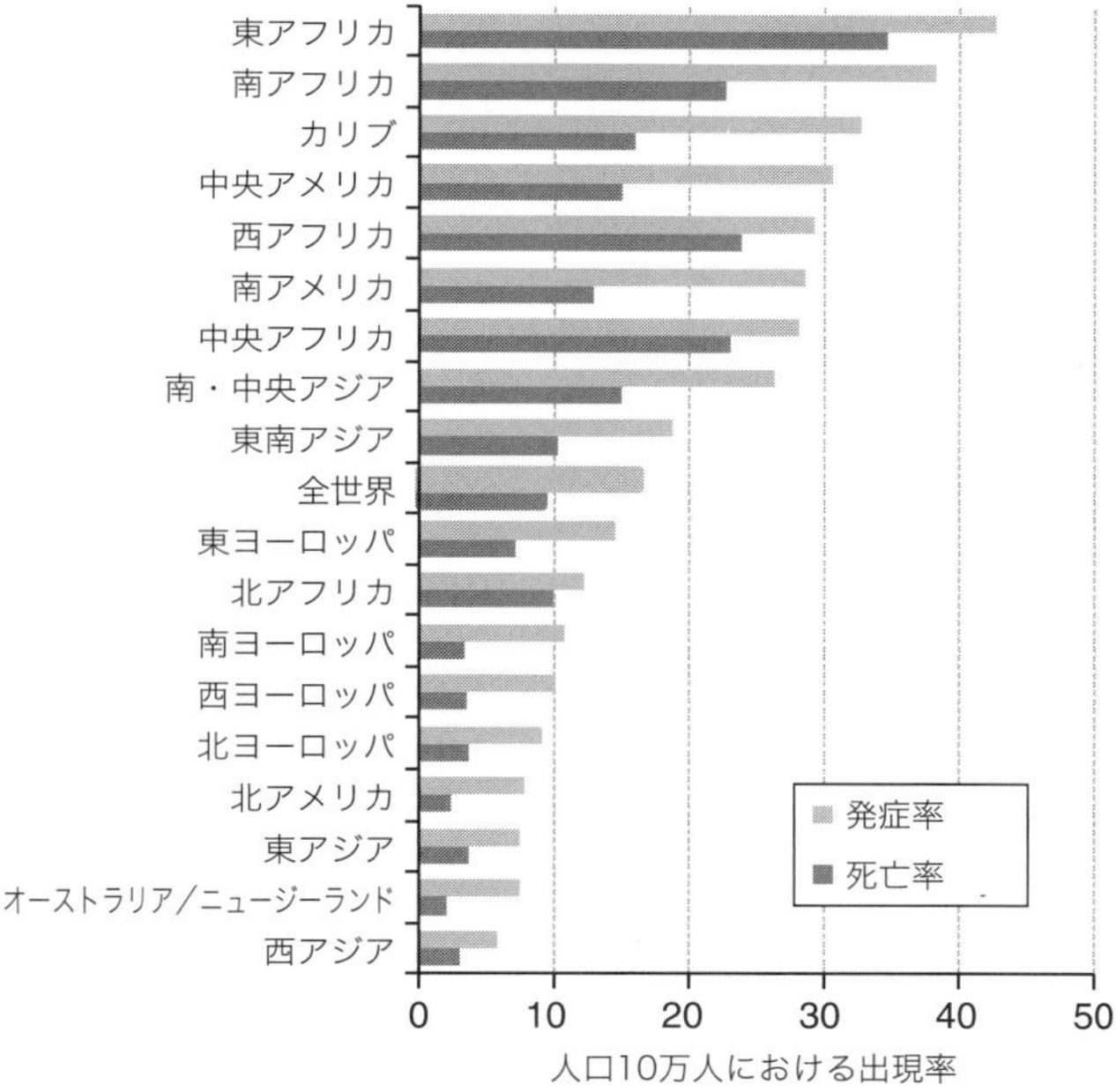

図17　年齢で標準化した世界各地の子宮頸がんの発症率と死亡率(2002年の統計による).

スクリーニングより安く簡単であることから、近い将来、これらを強く必要としている国々へワクチンが届くことを願っています。

ヒット エンド ラン?

現在、世界中で毎年180万のウイルスに関連したがんが診断されています。これはすべてのがんの18パーセントにあたりますが、ヒト腫瘍ウイルスが同定されたのはかなり最近であることから、おそらく今後発見されるものもかなりあるでしょう。ウイルス要因がわかれば腫瘍を防止するワクチンの開発の可能性がひらけるため、そうしたウイルスを探すことは重要です。

KSHVは最も近年に発見されたヒト腫瘍ウイルスで、これは従来のウイルス分離方法ではなく分子プローブ（ウイルスDNAに特異的な配列を探針としている）の利用により検出されました。ヤンとムーアは引き算実験というものを行って、KSの傷害を受けた領域のDNAを同じ個人から得た健常な皮膚の部位のDNAと比較しました。すなわち彼らはふたつのサンプルにおける同一の配列を持つDNAを排除して、KSに特異的なDNA配列のみを残すことにより、これらがこれまで未発見であったヘルペスウイルス、すなわちKSHVのDNA配列であることを解明したのです。この賢明な科学技術の方法はウイルス要因として疑わしいその他の腫瘍にも適用されつつありますが、しかし、これまでのいくつかの結果が非常にうまくいっているというわけではありません。ヒット エンド ランという機構は、原因ウイルスが初期の腫瘍形成にかかわり、恒久的に細胞を損傷し、そして跡を残さないよう患部から消滅する過程を意味しています。もし、これがウイルスが用いる発がん機構であるならば、ウイルスとがんとの関連を証明することはかなり難しくなるでしょう。

第8章 形勢逆転

　ウイルスの存在や、その感染予防に必須の免疫反応というものが解明される前に、いくつかのウイルス感染症の予防に成功していたのは興味深いことです。ウイルスは1930年代にはじめて同定されましたが、エドワード・ジェンナー（1749〜1823年）はそれより100年以上前に、これまでで最大規模の致死性ウイルスが引き起こす天然痘に対してワクチン接種にすでに成功していたのです。

天然痘予防とウイルスの排除

　天然痘予防のための接種法が西ヨーロッパに到達したのは1700年代ですが、それより1000年ほど前の中国やインドで、天然痘予防の接種法が行われていたという最初のワクチン記録があります。人痘あるいは生着法ともいわれるこの方法は、天然痘患者の痘瘡部から削り取った断片あるいは膿を針でちょっと引っかき、そして次に接種されるヒトの皮膚を引っかく方法です。通常の呼吸器感染によるウイルス感染とは違って、症状が全身性になることはなく、皮膚に限局します。そのあとに、長期の免疫記憶が残るのです。

人痘はメアリー・ワトレー・モンターグ夫人（１６８９〜１７６２年）によって１７２０年頃に英国ではじめられました。彼女は、夫であるエドワード・ワトレー・モンターグが１７１６〜１７１７年の間に英国駐オスマン帝国大使として一緒にコンスタンチノープル（現イスタンブール）に滞在した際に、この人痘接種を見たことがありました。そして、彼女ら自身も天然痘にかかり、夫は死んでしまったのです。夫を失ったメアリーは、子どもたちを守るためならどんなことでもしたいと考えていました。彼女はかかりつけの医者であったチャールズ・マイトランドを説得し、コンスタンチノープルの開業医からその技術を習得させ、彼女の５歳の息子エドワードに接種しました。１週間後にその子は発熱とわずかの皮疹がみられたものの、すぐに回復して免疫をつけることができました。

１７１８年にモンターグ一家がロンドンに帰ってから、メアリーは天然痘の予防法として人痘接種を熱心に広め、1721年の流行時にはマイトランドに、有名な内科医の立ち会いのもと彼女の4歳の娘への人痘接種を行うことを依頼しました。この接種の試みはうまくいき、うわさは広まりました。ニューゲイト刑務所の6人の囚人ならびにロンドン教区の聖ジェームス教会施設にいる孤児たちに対してさらなる人痘接種が行われ、何の副作用もなかったので、ジョージ1世は彼のふたりの孫娘への接種を許可し、これをきっかけに一気にこの方法が有名になりました。しかし、多くの牧師たちはこの接種は神の意志に反するとして、何人かの医師は今後の経営に差し障るとして、激しい反対意見を唱えました。なかには、接種が天然痘を引き起こすことを恐れ、免疫のないヒトたちに感染を広めることになると言う人もいました。実際、人痘接種はときどき天然痘を発症し、その1～2パーセントが亡くなりました。しかし、接種をしていない場合の天然痘の致死率は10～20パーセントにも達します。19世紀のはじめに本当に安全なワクチンが導入されるまで、この人痘接種はヨーロッパやアメリカで広く行われていました。

エドワード・ジェンナーは英国グルセルターシア地方バークレー出身の田舎の医師でした。その地方では、牛の乳搾りをする女性の肌があばたひとつなくきれいなのは、ウシ乳腺に感染する牛痘との接触があるために、天然痘に対する免疫があるからではないかとのうわさがありました。おそらくこのようなうわさは、ベンジャミン・ジャスティン（1736〜1816年）というドルセットの農夫が行ったことに由来するものでしょう。彼は、1774年にこのうわさの正当性をはじめて確認した人にあたります。彼は妻と子どもたちに牛痘を接種したのです。しかし、他の人にもすすめることはしませんでした。ジェンナーが、彼自身による牛痘接種実験の実行を決心する前に、ジャスティンの仕事を知っていたかどうかは定かではありませんが、後になってジャスティンの貢献に謝意を表明しています。

ジェンナーの革新

ジェンナーは最も単純な証明実験を行いました。現在の常識では倫理的に実行は難しいですが、彼は歴史上最も有名な実験を行ったといえます。彼は、牛痘に感染したサラ・ネルマンという乳搾り女性の腕から牛痘ウイルスを取り出し、それを天然痘にまだかかっていないジェームス・フィプスという子どもに接種しました。そして数週間後に、フィプスに天然痘ウイルスを接種して、このウイルスを排除するようになっているかどうか調べました。幸いなことに、フィプスは天然痘を発症することもなく健康なままだったのです。さらに他の複数の子どもに対しても牛痘ウイルスの接種を行い、天然痘の感染を逃れることができるかどうか調べた結

図18　このワクチンで，牛痘になるのか，すばらしい効果があるのか．1802年のジェームズ・ギルレイによる牛痘接種の風刺画．

果、ジェンナーは数千人の命を救うことのできる革新的方法を発見したと確信したのです。

１７９８年にジェンナーは彼の発見を小論文として発表しましたが、他の医者はまだ信じていませんでした。ワクチンが本当にはたらくとは信じていない人もいたのです。ジェンナーは若いときにカッコウが他の鳥の巣に自分の卵を置いて育てるという托卵現象を発見し、それにより王立科学アカデミーの会員に選出されていましたが、彼らのなかにはジェンナーに、おとなしく鳥類学をやっていればよいと助言するものもいました。彼は、メアリーが遭遇したように宗教界からの反対にもあいました。さらに、ウシという動物由来の物質をヒトの病気の予防に使用することに、一般人からの抵抗にもあいました（図18）。しかし、これらの反対にもかかわらず、この天然痘ワクチンはこれまでの人痘ワクチンに比べて安全だったため、急速に普及し、1801年までには英国で10万人以上のヒトにこのワクチンが接種されることとなりました。その後50年間で天然痘によるロンドンの死亡者は1000人あたり90人以上から15人にまで激減したのです。

最初は、ワクチンのための牛痘ウイルスは自然感染したウシあるいは乳搾りの女性から調達していましたが、その後、接種されたヒトの腕から免疫のないヒトの腕に接種して継代する方法がすぐに開発されました。そして、牛痘ウイルスの大量生産のために、ウシの脇腹に接種してそこで増えたウイルスを回収する方法がのちに開発されました。現在でもこのワクチンのつくり方は基本的に変わっておらず、天然痘根絶計画の際に使われました。WHOが天然痘根絶キャンペーンの開始を宣言した1966年までは、このウイルスはヨーロッパ、アメリカ大陸からは根絶されていたものの、毎年1000万人の感染例と200万人の死亡者が推測され、31の国でまだ流行がありました。このキャンペーンには莫大な資金が必要になると予想されましたが、この病気が致死的であるため、すでにこのウイルスの排除に成功している国も、集団感染の危険性があるこのウイルスの再来を恐れて根絶計画への資金提供に同意しました。

この大胆かつ複雑で、多額の資金が投入された計画が報われた理由は、この天然痘ウイルスのいくつかの特別な性質、病気自身の特徴、そのワクチンそのものによるところがありました。1番目に、このウイルスの保有動物がいなかった点があります。このウイルスはヒトにのみ感染し、感染後の生存者には持続感染はなく、急性感染症のみを起こします。それゆえに、ウイルスは他の動物の体内でひそかに生き延びるということはなく、感染の連鎖を断つことで、ウイルス排除につながるのです。2番目に、この病気では、症状が現れる前に感染性ウイルスを放出することはなく、発症後の患者はしばらく寝込んでしまうほど重篤になる点が挙げられます。天然痘の診断は、とくにその皮疹などの臨床所見より非常に簡単です。不顕性感染は起こらず、実際的にはすべての症例は見つけられ、隔離できます。さらに、感染後の潜伏期間はだいたい2週間ですが、その間に誰と接触したかを追跡し、接触者たちを2週間ほど隔離して何も起きなければ感染が広がっていないと判定できるのです。3番目に、安全で非常に高い効果を有するワクチンであった点が、根絶作戦の成功に最も寄与しました。天然痘ウイルスはDNAウイルスであり、主要なウイルスの型はひとつのみで、ワクチン耐性ウイルスの出現の可能性はほとんどありませんでした。

ワクチンの準備は熱帯地域で非常に活発に続けられ、ブラジル、インドネシア、サハラ以南のアフリカ、インド大陸などの4つの感染地域では陸軍関係者によって配布されました。その目的は、ワクチン接種率を、集団におけるウイルス伝播予防に有効なレベルとされる80パーセント以上に向上させることでした。これがその後10年間の天然痘の感染伝播を阻止するのにきわめて有効であり、エチオピアでの集団感染が最後になりました。ついに1980年に地球からの天然痘の根絶が宣言されたのです。

驚くことに、1978年の英国のふたりの天然痘患者が世界で最後の症例となりました。天然痘ウイルスの研究を行っていたバーミンガム大学医学部微生物学研究室の近隣者のひとりに犠牲者が出たのです。彼女はその大学の解剖学教室の写真技師で、発症後に死亡し、もうひとりは彼女から感染して、回復しました。解剖学研究室は微生物学研究室の上の階にあり、その後の調査から、微生物学研究室でのこのウイルスの取扱い環境がまったく不十分であったことによる悲劇だったとわかったのです。報告書では、ウイルスを取り扱っていた場所から空気配管を通ってこのウイルスは上の階の解剖学研究室の電話ボックスに到達していました。そこを、その写真技師はしばしば使っていたのです。大学の安全規範に沿ってまとめられた調査報告書の完成後に、その微生物学研究室の主任は自殺したという非常に悲惨な結果になった事件です。

ジェンナーのワクチンとは、無害のウイルスである牛痘に対する免疫反応が、牛痘ウイルスに近縁の致死性である天然痘ウイルスに対する免疫反応としても作用するというものであり、これらのふたつのウイルス間の違いを免疫反応は識別できないためです。同じトリックが、マレック病というトリの集団に爆発的に増えるがんを起こすヘルペスウイルスに対して、のちに使われました。このウイルスはおもにニワトリやアヒルなどに感染し、そのうち80パーセント以上を死に至らせ、大きな経済的損失を導くものです。この病気は1907年にハンガリーのヨゼフ・マレック（1868〜1952年）により記述され、まず、感染により下肢の片麻痺あるいは両麻痺がはじまり、その後呼吸不全により死亡します。この症状は神経組織に浸潤したT細胞により起こり、種々の臓器にがんが発生します。1967年のウイルス単離後に、まもなく近縁のヘルペスウイルスが七面鳥に見つかり、この七面鳥ウイルスのニワトリへの接種により病気は起こさずにマレック病の感染を阻止できることがわかりました。

パスツールと狂犬病ワクチン

ジェンナーのワクチン接種実験から数年後に、パリで働いていたルイ・パスツールは狂犬病に感染した動物の脊髄を乾燥させ、狂犬病ウイルスに対するワクチンをつくりました。このウイルスは、狂犬病にかかった動物の唾液に存在しており、イヌ、キツネ、コウモリなどの野生動物の間で感染が循環しています。ある種の動物では狂犬病にかかっても生き残ることがありますが、ヒトでは通常、狂犬病ウイルスに感染したイヌの咬傷から感染し、未治療の感染者は100パーセント死亡します。死に至る理由はウイルスが神経組織に侵入するためですが、死ぬ前の症状はきわめて悲惨なものです。それは、患者がこの窮状を知ったときに起こす異常興奮状態や性格の変化を伴う古典的恐水症（水を怖がる症状）です。患者は、喉が渇いて水を飲もうとしたときに呼吸筋の異常な痙攣（けいれん）に襲われ、水を恐れるようになります。そして、時間経過とともに混迷し、最後は心肺停止に至るのです。意識消失や死に至るまではおよそ1週間ほどです。パスツールが最初に取り組む感染症として狂犬病を選び、ワクチンで予防しようと考えたことには、その重要性から疑いの余地はありません。

1885年、ワクチンは実験室で開発の途中でしたが、パスツールは、狂犬病の犬に噛まれてその顔貌が悲惨になってしまったジョゼフ・マイスターという子どもへのワクチン接種を依頼されました。このワクチンはこの子の命を救い、その後も培養細胞によってこのウイルスが準備され、より安全なワクチン製剤がつくられるまで、多くの子どもの命を救いました。はしかやポリオのように急性の感染症の予防のためにつくられたワクチンとは違って、狂犬病ワクチンはこのウイルスが犬による咬傷から感染した後でもその発症予防に有効です。つまりこのワクチンは感染曝露後にも有効なワクチンとして知られています。病気の発症前には、ウイルスは侵入部位で増殖した後に神経に沿って脳内を移動します。この移動は、ときに数か月から数年を経る場合もあり、その期間はウイルス侵入部位と脳組織との距離に比例しています。咬まれてすぐにワクチンを接種しさえすれば、このウイルスが脳まで到達するのを阻止できるはずです。発生頻度は低いものの、地球の多くの場所で狂犬病は流行しています。世界規模でみれば毎年7万人の死亡例があり、最も多くの年間死亡例があった国は2万人の死亡者を出したインドでした。狂犬病の発生率が高い国を旅行するときはこのワクチンの接種をすすめますが、実際は感染曝露後のワクチン接種が最も需要があり、毎年1300万単位以上がこれに使われています。

ワクチンの開発や有効性試験に費用がかかることはわかっていますが、ワクチンは最も安全であり、容易に作製でき、そして、地球規模の感染症を制圧するには最も費用対効果のある治療法といえます。この理由から現在では、かぜウイルスからきわめて高い病原性を有するエボラウイルスに至るまでのほとんどすべての病原性ウイルスに対するワクチンが準備されています。しかし、ワクチン開発には非常に長い期間のプロセスが必要です。いくつかは臨床治験に入りますが、臨床使用に至るものは非常に少なく、うまくいっているものとしては、子どもの共通感染症であるはしか、耳下腺炎、風疹のMMRワクチンなどがあります。初回は13か月で、2回目は3〜5歳で接種します。

ワクチンは、2種類に分けられます。ひとつは生ワクチン（弱毒化ウイルス）で、もうひとつは不活化ワクチンです。それらの異なるワクチンの使用についての長所と欠点については、現在最終段階に入っていると思われるポリオ根絶への道のりで具体的に見えてきました。

ポリオは根絶できるか？

1900年代のはじめには、ポリオはもっとおそろしい病気でした（第5章参照）。米国人のウイルス学者であるジョナス・ソーク（1914〜1995年）がつくった不活化ワクチンが一般に使われるようになる直前が、1950年代の米国における流行のピークでした。そして、その効果はすぐに表れ、米国における年間のポリオ患者数は2万人から2000人に減りました。しかしその接種は注射によるもので、1回の投与では効果は低かったのです。

この理由から、もうひとりの米国人ウイルス学者アルバート・セービン（1906〜1993年）はポリオの生ワクチンを開発し、1960年代のはじめには一般に使えるようになりました。彼は、病気を起こさないながら免疫誘導能は保たれている弱毒株ができるまで、実験室の中で培養を続けました。このワクチンは不活化ワクチンより安価で、かつ簡便に生産することができ、さらにとくに開発途上地域での使用にきわめて有利な経口接種ができる利点がありました。経口接種が可能なことより野生のポリオウイルスにおける本来の侵入ルートから感染し、このワクチンは腸管組織で増え、便中に排出されます。そして、その集団の中でワクチンは広がり、ワクチンを受けていないヒトまで有効なワクチン効果が得られます。しかし、そのウイルスは体の中で増えるため、変異して病原性を回復することもあり得ます。非常にまれですが、100万人にひとりの割合で、ポリオウイルス生ワクチンによって下肢の麻痺が実際に起こっています。

1988年に全世界の80パーセント以上の人を対象に、経口生ワクチンを使ったWHOによるポリオ根絶計画がはじまりました。この作戦は野生のポリオウイルスの根絶にきわめて有効でした。いくつかの小規模な流行がアフガニスタン、インド、パキスタン、ナイジェリアで残っただけで、2005年の地球全体における発生数は1988年の発生数の1パーセントにまで抑えることができたのです。野生株のポリオの発生率が低下したのに反して、ワクチン接種後の変異株によるポリオ症例が増え、現在では、麻痺を起こしたポリオ患者のほとんどの症例は、ワクチン株によるものです。さらに、ポリオ生ワクチン株は、接種された集団の中で循環しているために、完全なウイルスの排除は不可能です。これらの理由から、いくつかの西ヨーロッパ諸国では不活化ワクチンの使用へ切りかわったところもあり、おそらく根絶のためには全世界でこの方法をとることが必要でしょう。

他に、ヒトのウイルスの根絶計画としてリストアップされているのは、はしか、風疹、狂犬病、B型肝炎などです。

ワクチンを使うべきかそうせざるべきか

かつてジェンナーの時代に、天然痘ワクチンを接種すべきかどうかの倫理的課題に関する議論がありましたが、いまも消えたわけではありません。いまだに、ある宗教的分派の人たちはワクチン接種を拒否しますが、他の問題点が浮き彫りになってきました。西ヨーロッパ諸国で最近、とくに自己免疫病やアレルギーが増えている理由として、「衛生仮説」というのが引き合いに出されるようになってきました。これらのいずれの病気も、免疫反応のバランスが崩れたことによります。この衛生仮説とは、現代社会ではワクチン接種、衛生環境の改良、抗生物質の使用によって、幼少期に経験しているはずの感染を免れてきたために、これらの免疫病が起こるようになったというものです。これらの要因により、幼少期の抗原刺激頻度が減少し、子どもの免疫システムにこのような異常な反応を起こすような素因がつくられている可能性があります。この領域の研究者は研究を続けていますが、本書を執筆している時点では、この仮説を支持する明白な証拠はまだありません。

しかしながら、完全に副作用のない安全なワクチンなどというものは、将来もありません。感染症の予防のためのワクチン開発が続けられるとともに死亡率は減少するはずであり、そのワクチンの副作用からくる悪影響に比べ、病気を予防するというワクチンの効果のほうがはるかに優るはずです。天然痘ワクチンの副産物は、100万人への接種あたり1~2人の死亡者が出るというきわめて小さなもので、このようなことはウイルスが地球上から根絶される過程のある時点で必ず起こることなのです。とはいえ、完全な根絶が達成されるまでワクチン接種の継続は必要です。現在、はしかワクチン接種による根絶計画は進行中ですが、感染自体がいまでは開発途上の国々でもまれになったため、ワクチン株による脳炎発症の確率が接種者100万人あたりひとりでもあることを考えると、このワクチンを接種しないほうがより安全であると考える人たちもいます。しかしこのような主張のためにワクチン接種率が80パーセント（集団における感染防御効果が見込めるレベル）より低くなると、はしかの流行がふたたび起きて、死を免れることのできない事態が起こります。

このような事例が、1998年に「ランセット」という医学雑誌にはしかワクチン接種と自閉症の関連性を示唆した論文が掲載された後に、英国で起きました。実際にはのちに、はしかワクチン接種と自閉症との関連性は否定されたのですが、論文掲載後すぐに、はしかワクチンの接種率が低下しました。これによりウイルスはふたたび英国で増えてはしかの流行が起こり、死亡者を出しました。論文の筆頭著者であるアンドリュー・ウェイクフィールドは、その論文をねつ造したという不正行為と医事委員会による倫理規定を無視したことにより有罪となり、12年後に医師登録を剥奪されました。そして「ランセット」は、倫理的確認の不適切さから公式にその論文を撤回したのです。

このような事例をうけて、安全なワクチン接種のために継続的な研究が行われています。1960年代はじめの分子生物学の革新により、組換えDNA技術を使った新世代のサブユニットウイルスワクチンが予言されていました。最終的に利用された組換えウイルス作製法により、ウイルス防御免疫反応を活性化するのに重要なウイルス抗原のサブユニットが同定され、ワクチンとして製造可能なことがわかりました。この組換えタンパク質ワクチンの最初の例として、B型肝炎ウイルス（HBV）に対するワクチンがあります。HBVの表面タンパク質がワクチン作用を発揮するのに最も重要な分子であり、その遺伝子がクローン化され、実験室内の酵母により大量生産されました。このワクチンの安全性と有効性が動物実験で示された後には、HIVやHCV（C型肝炎ウイルス）などの血液由来の病原体感染の危険性が常にあるHBV持続感染者の血液からHBV表面S抗原を単離していたそれ以前のワクチンは、すぐにこの組換えHBVワクチンに取って代わられました。同じように実験室でつくられたHPV（ヒトパピローマウイルス）16型や18型のワクチンとして、発がんウイルスであるHPVのウイルスコアタンパク質ワクチンの使用が、最近認可されました。動物実験によって、安全性とHPVによるがん化を阻止する活性を有するこれらのHPVタンパク質は、中空状に集合し、非感染性であるウイルス様の粒子を形成します。このワクチンは現在では、子宮頸がん予防のために10代の女性に対しての接種が推奨されています。

他に、最近の組換え技術革新により新たに開発されたものとして、ウイルス抗原をコードするDNAを直接接種したり、運び屋として無害のウイルスゲノムの中に挿入して導入する、いわゆるDNAワクチンがあります。ベクターといわれるこれらのウイルスはヒトや動物の細胞に感染し、その免疫を誘導する遺伝子を自分の遺伝子とともに発現し、宿主の免疫反応を誘導します。ヒトに対するワクチンとして、このようなベクター法によるものはまだ認可されていませんが、アデノウイルスをベクターとした組換えHIVワクチンの臨床治験が行われたことがあります。

ワクチンの開発のために、このようにさまざまな試みが行われていますが、小児の致死性ウイルスのひとつであるRSウイルス感染症のように、病原性ウイルスでありながらワクチンが存在しないものも多数あります。これには多くの理由があることが、HIVに対するワクチン開発のこれまでの多くの失敗からわかってきました。

HIVワクチンの試み

AIDSの原因としてHIVが見つかってすでに20年以上が経っていますが、莫大な予算と多大な科学的探究にもかかわらず、有効なワクチンができる兆しもありません。抗体反応を誘導するHIVワクチンが感染を阻害するのには十分ではなかったので、T細胞ワクチンが試みられましたが、これも失敗に終わりました。T細胞ワクチンのひとつの治験では、比較のための対照群に比べ、ワクチン接種群で感染率が増加するという結果が得られました。

これらの失敗にはいくつかの理由があります。まず1番目に、ＨＩＶはすばやく変異を起こし、またすでにヒトの社会に入って約１００年が経過しているので、多くの異なるウイルス型があり、単一のワクチン製剤では防ぐことはできないと考えられます。2番目に、ＨＩＶは感染者ではすべて持続感染するという事実が、自然感染による免疫反応ではウイルスを排除できないことを示しています。自然には起こり得ないことをワクチンで誘導するためにはきわめて巧みなアイデアに基づく作戦が必要となります。3番目に、ＨＩＶは通常、生殖器を介して伝播します。すなわち、血中の抗体やT細胞は、ＨＩＶがCD4細胞に感染して潜伏化するのを阻止するには、その生殖器官に到達しなければなりません。最後に、ＨＩＶは細胞から遊離してウイルス粒子として感染する場合と、感染細胞内にあって直接細胞から細胞へ感染する場合があり、それぞれの状況では感染を阻止する免疫反応は異なると考えられます。これらの理由から、完全にＨＩＶの感染を阻止するワクチンができる見込みは現時点では非常に低いのです。ウイルスの感染を抑制し、発病時期を遅らせるワクチンも有益です。これまでで最も大規模に、多額の資金を投じて行われたＨＩＶのワクチン治験の結果が２００９年に発表され、わずかばかりの光明が差してきました。この治験は1万６０００人のタイのボランティアに対して6年にわたって行われ、一般的には試みは失敗したと考えられていました。しかしその結果は、ふたつの組換えワクチンを「プライムブースト」したヒトには、中程度の阻止効果をみることができました。はじめの接種ではＨＩＶに対するＴ細胞の活性化を誘導させ、次に、この反応を増強させるという意図が成功したのです。

これがＨＩＶワクチンの初期段階におけるブレークスルーとしても、認可されるほど有効な製品の開発には長い年月が必要です。その間にも、この致死性感染に対する有効な方法の開発の取組みは続けなくてはなりません。

ＨＩＶを制御するためのさまざまなアプローチとしては、その感染伝播を阻止するための教育、コンドームを自由に使える体制、麻薬患者への注射針の使い回しをやめさせる指導、他の性感染症に対する治療促進などが挙げられます。たとえば、割礼は男性における感染を40〜80パーセントは減少させることが示されているため、ハイリスクグループにとっては有益です。

ウイルス伝播を抑える抗ウイルス薬は、地球規模でその普及活動が行われており、必要な人たちのだいたい50パーセントほどには現在行きわたっていると考えられます。抗ウイルス薬を第一に届けるべきはＨＩＶ陽性の妊婦であり、その子どもたちへの感染伝播を予防するために抗ウイルス薬の配布は２０１５年までには果たされると予測されています。

感染曝露前の予防が最も重要であるというマラリア予防の教訓にならうと、ひとつの方法は、非感染でＨＩＶ陽性者のパートナーを有する人は、抗ウイルス薬の服用によって、そのリスクを避けることです。さらに、感染曝露後の予防策として、医療事故による感染曝露時に事故対応責任者によってうまく実行されたように、危険な性行為の後に感染防止ピルを行為の後に飲むようにさせることも考えられます。

多くの研究から、ＨＩＶ伝播は血中ウイルス量の値が高いときに起こっていることがわかっています。そして、抗ウイルス薬の服用によりそれは検出感度以下まで抑えることができるので、これらの薬は感染予防に使うことができます。ほとんどの感染は、初期感染の数か月後に起きています。そのときはウイルス量がきわめて高値であるにもかかわらず、その感染の事実を知らないのです。ＨＩＶ感染者を早く見つけ出すオプトアウトテストなどのハイリスクグループへの感染伝播を阻止する最も有効なスクリーニング法は、早く感染者を見つけ出し、できるだけ早く治療をはじめるのに役立ちます。

抗ウイルス薬

１９４５年にペニシリンが発見されてから40年以上経ち、細菌感染症は適切な抗生剤の投与により治せるようになっていますが、ほとんどのウイルス感染症の治療は不可能でした。この違いは、細菌とウイルスの生物学的異同によるところが大きく、それらが起こす病気に違いがあることによります。病原性細菌はほとんどの場合自己増殖性であり、単一細胞生命体として侵入し、体内で複製し、病気を引き起こします。細菌は、その生存に必須の硬い細胞壁を有し、ペニシリンやその誘導体は感染宿主の細胞には無害なまま、そのユニークな構造体を標的とします。しかしウイルスは細胞ではなく、ウイルスの複製には、感染した細胞内の機能的構成体が使われます。そのため、感染宿主にダメージを与えずにウイルスの複製を阻害する薬剤を見つけ出すことには困難が伴いました。これにもかかわらず、現在、40種類以上の抗ウイルス薬について臨床現場での使用が認可されています。とはいえほとんどは単一のウイルスに対するものか、あるグループのウイルスに有効なだけなのです。

はじめて認可された抗ウイルス薬は、１９７０年代につくられ、口唇ヘルペスや帯状疱疹などのヘルペスウイルス感染に有効なアシクロビルでした。この薬剤は、ヌクレオシドに非常に似ており、ＤＮＡ合成を阻止します。ヘルペスウイルスのＤＮＡに取り込まれるには、チミジンキナーゼというヘルペスウイルスの酵素によりそれぞれのヌクレオシドにリン酸基が付加されることが必要です。この薬の作用は、ウイルス感染細胞にのみ限定されます。リン酸アシクロビルはウイルスＤＮＡに結合しますが、ＤＮＡ複製のターミネーターとしてその伸長反応を阻止します。そのウイルス特異的ＤＮＡ合成抑制作用により、アシクロビルは非感染細胞には作用せず、そのために副作用はありません。

１９８０年代はじめにＨＩＶがＡＩＤＳの原因ウイルスであると発見されたことで、抗ウイルス薬の必要性がさらに増し、その開発の起爆剤となりました。現在、認可された抗ウイルス薬の約半分ほどは、特異的ＨＩＶ治療薬として開発されたもので、この致死性疾患を慢性疾患とへと変貌させました。多くの抗ウイルス薬はアシクロビルと同じように、ウイルスの複製に必要なウイルス酵素を阻害することで抑制作用を示します。ＨＩＶの場合は、逆転写酵素、プロテアーゼ、インテグラーゼです。他に、ウイルス侵入を阻止する薬もあります。しかし、ＨＩＶは非常に速く変異するので、単一の抗ウイルス薬の投与だけではすぐに耐性ウイルスが出現してしまいます。１９９６年に、いわゆるＨＡＡＲＴといわれる少なくとも３つの異なる作用機序を持つ薬剤併用のカクテルが、単剤服用よりきわめて有効であるあることがわかりました。一方、一生を通じてＨＩＶをコントロールするには、厳格なカクテルの服用が求められ、通常、ウイルス量の上昇あるいは副作用などによりその服用の組合せは変わりますが、一般的な患者では一生服用し続けなければなりません。

インフルエンザは、種々の抗ウイルス薬により治療されるもうひとつの感染症です。これらにはふたつの作用モードがあり、ひとつはウイルスノイラミニダーゼの阻害であり、もうひとつは標的細胞への侵入を阻害するモードです。インフルエンザの治療に必要な期間は短く、薬剤耐性株の出現はふつうは問題になりません。しかし、地域での集団感染やパンデミックの状況では問題になることもあります。２００９年のＨ１Ｎ１インフルエンザのパンデミックの際、タミフル（オセルタミビルというノイラミニダーゼの阻害剤）という抗ウイルス薬が多くの先進国で備蓄されていました。これは、パンデミックの初期には非常に有効ですが、その後に耐性のウイルスが出てきます。すなわちタミフルは、ワクチン製造までのギャップを埋めるものです。この方法はとくに重症のインフルエンザの出現にはうまくいくと考えられました。しかし２００９年のパンデミックを起こしたインフルエンザウイルスによる重症度は中程度であったので、この方法がテストされたわけではありません。

持続性肝炎ウイルスの排除

地球規模では、持続性B型肝炎とC型肝炎は毎年約25万人の死者を出すほどの大きな問題となっています。そして、感染後一部の人たちでは、ウイルスが排除され、持続感染を免れています。そこで、活動性の持続感染者への治療の目的は、生体からのウイルスの排除です。現在のところこれはあまりうまくいっていませんが、抗ウイルス薬の併用と免疫反応の誘導によりウイルス複製と肝障害の抑制がときどき得られています。αインターフェロンといわれるサイトカインは免疫反応の誘導と抗ウイルス作用により、両ウイルス感染の治療に使われます。しかし、重大な欠点があります。この治療中にはときどきかぜのような症状が続き、不愉快な副作用を伴う長期薬剤投与が必要となります。また、ときにうつ症状を誘発し、約15パーセントの患者では副作用のために治療を最後まで行うことができません。

αインターフェロンの単剤投与による治療は、HBVの持続感染者の40パーセントほどをウイルス陰性化に導くことができます。同じような結果は、単剤の抗ウイルス薬投与でも得られます。後者はひとつの選択肢としても考えられます。しかし、αインターフェロンと抗ウイルス薬の併用療法がHBV治療にどれほど有効かを調べる臨床治験が、現在進められています。持続性HCV感染者に対しても、αインターフェロンと抗ウイルス薬の併用療法により、その有効性は80パーセントにも達しています。この効果は、患者のウイルスの型、病状の進行度、年齢、性別に依存しています。もっとも、よい結果はサブタイプ2、3、4で血中ウイルス量が低いヒトに得られます。

ウイルス診断

歴史的には、ウイルス感染症に対する診断と治療は、細菌感染症に比べてはるかに遅れていましたが、つい最近になって巻き返してきました。元々ウイルスは、細菌を捕捉するに十分な内径のフィルターでも通過してしまう感染性病原体として同定されたものです。そして、1930年代の電子顕微鏡の発明によりウイルスの可視化が可能となり、ウイルスの構造解析や生活環、ウイルス種ごとの違いが明らかになりました。いったん、ウイルスは細胞の中で複製する寄生性微生物だとわかると、ウイルス増幅や単離のための細胞培養技術が確立しました。これらには、鶏卵培養法や細胞培養法でのウイルス増幅系があり、いずれの方法でも感染細胞にウイルス種ごとにその特徴のある細胞変性効果を示します。しかし、電子顕微鏡を使ってその原因となるウイルスを探索する診断法はきわめて時間のかかる非効率な方法です。また、鶏卵あるいは細胞培養を使った細胞変性効果判定法も数日を要し、それにこの手法は病原性ウイルスの中でも培養が可能な一部のウイルスにしか使えません。そのために、多くのウイルス感染症はごく最近まで、その患者が回復するか結果が届く前に死亡してしまい、臨床的に必要な時期に正確な診断が下されることはありませんでした。実際、以前はウイルス感染症に対する特異的治療法はなかったので、多くの人は問題にしませんでした。

1970年代のモノクローナル抗体（単一の抗原構造［エピトープ］に対する抗体）の発明により、その抗体はそれぞれのウイルスタンパク質を特異的に検出し、感染組織内から直接感染細胞の検出に使われるようになりました。さらに、血液中のウイルス特異的抗体の検出が可能となり、最近の分子生物学的手法による診断法が生まれる前までは、ウイルス検査の主流を占める方法でした。そして、患者試料中のウイルス由来のDNAならびにRNAが非常に少量の試料から検出可能となり、ウイルスの培養や単離の依頼件数が少なくなりました。ブレークスルーは1980年代のPCR（ポリメラーゼ連鎖反応）の発明によるところが大きいといえます。この方法で、臨床試料からウイルスの遺伝子を増幅できるようになりました。ウイルス量の測定によって抗ウイルス薬の感受性判定が可能となり、その日のうちの診断が現実味を帯びてきたのです。

ウイルス感染症の診断技術が進むに従い、PCR法は診断上の問題点を解決してきました。

現在の実験室診断法では、未だに多くのいわゆるウイルス性髄膜炎、脳炎、呼吸器感染症の起因ウイルスの同定はできません。これらの結果は、いまだ発見されていない病原性ウイルスが地球上に存在することを強く示唆しており、その解明の鍵を握るのもPCR法なのです。現在では、ヒトのゲノムの配列はすでに解析され、ヒトの臨床試料中の外来遺伝子の存在を同定することが可能です。このような手法によりいくつかの新しいウイルスが発見されました。それには小児呼吸器感染を起こすヒトボッカウイルスなどが含まれます。しかし、これらの発見は最初の一歩であり、私たちは、これから数年の間にもっと多くの新ウイルス発見の報を聞けると期待しています。

第9章
ウイルスの過去、現在、未来

ウイルス研究がはじまってまだ１００年足らずですが、ウイルス自体は古くからの寄生体であり、その歴史と進化は私たちの歴史や進化とも深く結びついています。

１万年ほど前に農業革命が起こるまでは私たちの祖先は狩猟生活者であり、小さな集団で常に移住しながら生活していました。人口密度は低かったものの、ヘルペスウイルスのような持続感染をするウイルスは繁栄していました。ある世代から次の世代に受け継がれるまで時を待つことにより、ほぼすべてのヒトに感染することができるので、狩猟生活に適応していたのです。これらのウイルスはほとんど脅威とはなりませんでしたが、より定住農耕型の生活習慣に変化するにつれて、人獣共通感染症の問題が発生しました。多くの新興ウイルスは家畜から初期の農作業者に侵入し、重篤な感染症を引き起こしました。総人口のうち、感受性のあるヒトの大部分を殺すことによって、これらの微生物は社会の歴史に影響を与えてきました。

天然痘ウイルスはおそらく5000年から1万年ほど前にユーフラテス、チグリス、ナイル、ガンジス、インダス川流域で、動物からヒトへの感染が起こり、その後数えきれないほどのヒトが犠牲になってきました。確かに古代エジプトの紀元前3730年頃の文書には天然痘に類似の病気について記述されており、紀元前1157年のラムセス5世を含むいくつかのエジプトのミイラには、天然痘に類似の皮膚病変が見出されています。

歴史を動かしたウイルス

歴史上はじめて伝染病の流行が記述されたのは、紀元前430年のペリクルス率いるアテナイ軍とスパルタ軍とのペロポネソス戦争中のアテネであり、専門家の多くは天然痘であったと考えています。進行してきたスパルタ軍に対してペリクルスが篭城しようとしたとき、彼は偶然にもウイルスの繁殖に理想的な環境を与えてしまいました。町はスパルタ軍の侵攻から逃れた避難民で非常に混雑しており、ウイルスは4年の長きにわたり定着し、ペリクルスを含む数千人が犠牲になりました。このアテネ人の呪われた運命と敗北はギリシャ帝国の滅亡の予兆で

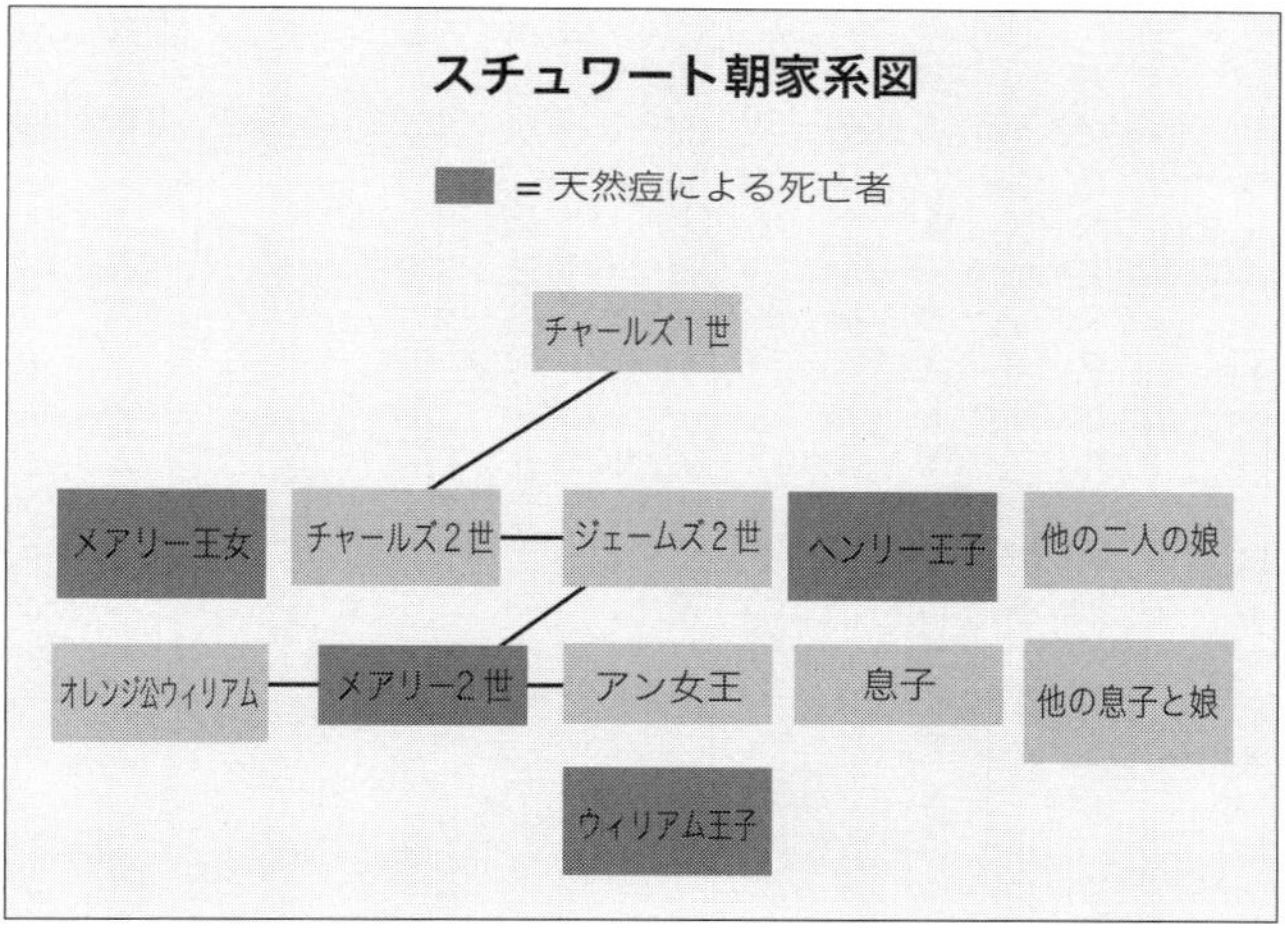

した。

ヨーロッパやアジアの人口が増えるに従って、感染者の30パーセントを死に至らしめる天然痘の流行は定期的に起こるようになりました。大きな影響があった証拠として、インド部族の女神であるシータラ、中国の女神であるトゥシェン・ニャンニャン（痘診娘々）、キリスト教の僧正である聖ニケーズはすべて天然痘感染予防や快復を祈願して祀られています。ウイルスは密集して風通しの悪い住居にすむ貧しい人々に感染する傾向がありますが、ヨーロッパの王族もときおり被害を被っています。18世紀には英国スチュワート朝（1603〜1701年）の消滅が起きています（囲み図参照）。また他の王族の犠牲としては、神聖ローマ皇帝、ハンガリー王、ボヘミア王であったヨーゼフ1世（1678〜1711年）、スペイン王ルイス1世（1707〜1724年）、フランス王ルイ15世（1710〜1774年）、スウェーデン女王ウルリカ・エレオノーラ（1688〜1741年）、ロシア皇帝ピョートル2世（1715〜1730年）がおり、これらすべての人々は80年間のうちに亡くなっています。

「新大陸」には、16世紀にスペインの征服者が天然痘ウイルスを他の微生物と共に持ち込むまでは、天然痘は存在していませんでした。ウイルスに対して免疫がなく遺伝的に抵抗性を持たないアメリカの原住民は大きな被害を受けました。120年の間に全滅した部族もあり、人口の90パーセントが減少しました。スペイン人が到来したときに、メキシコのアステカ帝国とペルーのインカ帝国は多くの戦士をかかえ、2〜3000万人ほどの人口がありました。しかし、1521年にエルナン・コルテスがわずか600名ほどの兵でアステカ帝国を滅ぼし、またフランシスコ・ピサロが同様にわずか200名でインカ帝国を征服しました。どちらの場合も、天然痘とおそらく他の微生物が人口の半分を殺し、生存者を混乱させ士気をくじいたことに助けられて、スペインの侵入者たちは簡単に勝利を得たのです。

植物ウイルスもまた、17世紀にオランダで「チューリップ狂時代（チューリップバブル）」

が巻き起こった際に栄華の時を迎えました。チューリップは近年トルコから輸入されましたが、オランダの生産者は花弁に「色割れ」とよばれる白い縞を持つ「ブロークンチューリップ」[3]のような新種を開発するのに余念がありませんでした。このような植物を所有していることが当時のオランダではステータスシンボルでした。珍重された「ファン・エンクホイゼン提督」とよばれる変種の球根1個には、1634～1637年の間に5400ギルダーもの高値がつけられました。これはアムステルダム市内の家の値段や労働者の年収の15倍にあたる値段です。しかし、植物は弱く、気まぐれなもので、ときどき球根から色割れした花が咲くだけで、その理由やその形質を引き出す方法はわかりませんでした。実はオランダ人は果樹に囲まれた野原で球根を育てているために、ウイルス[4]を持ったアブラムシが木から偶然にチューリップの上に落ちて、植物に感染し、色がつくられるのを抑制し、球根を弱くしていたのです。今日でも園芸用品店で安売りされている多様なまだらをもった植物はウイルスに感染したもので、そのため一般的に単色のものほど丈夫ではありません。

ウイルスは他の微生物と同様に、頻繁に昆虫や他の運び屋を使って宿主の間を伝播します。黄熱ウイルスは西アフリカの熱帯雨林のサルの間で感染するのに蚊を利用しています。感染したサルは健康なままですが、ウイルスを保有した蚊がヒトの血を吸った場合、致死性の病気を発症することがあります。これはインフルエンザ様の病気ですが、感染者うちの20パーセント程度までは致死性の出血熱に進行します。ヒトはジャングルの中で木を伐採するときにウイルスに感染してしまうことがあります。伐採によって上部の葉が茂っている部分にいた感染した蚊が、直接木こりと接触し感染するのです。一度ヒトが感染してしまうと、ウイルスは都市にすむ蚊によってヒト－ヒト間で広がり、流行を引き起こします（図19）。

黄熱病は新大陸へは奴隷船に乗って17世紀中頃にやってきました。ウイルスは快復したヒトに潜伏することはないので、船上の樽の水の中で繁殖した蚊によって媒介されて、旅の間は船上の犠牲者に次々と感染することによって生存し続けたに違いありません。ウイルスを保有した蚊は陸地に渡り、アメリカ大陸にすみ着いて現在に至っています。黄熱病は19世紀後半に蚊との関係が明らかにされ予防策がとられるようになるまでの間、多数の犠牲者を出し続け、南北アメリカで大打撃を与える流行をもたらしました。

疑いなく黄熱病は天然痘、はしか、マラリア、そして他の重要な微生物とともにアメリカ原住民、アフリカ人奴隷、ヨーロッパの入植者を区別することなく凶暴に襲いかかり、カリブ海諸島の人口減少に寄与しました。事実、ナポレオンは黄熱病によってその夢を断たれていま

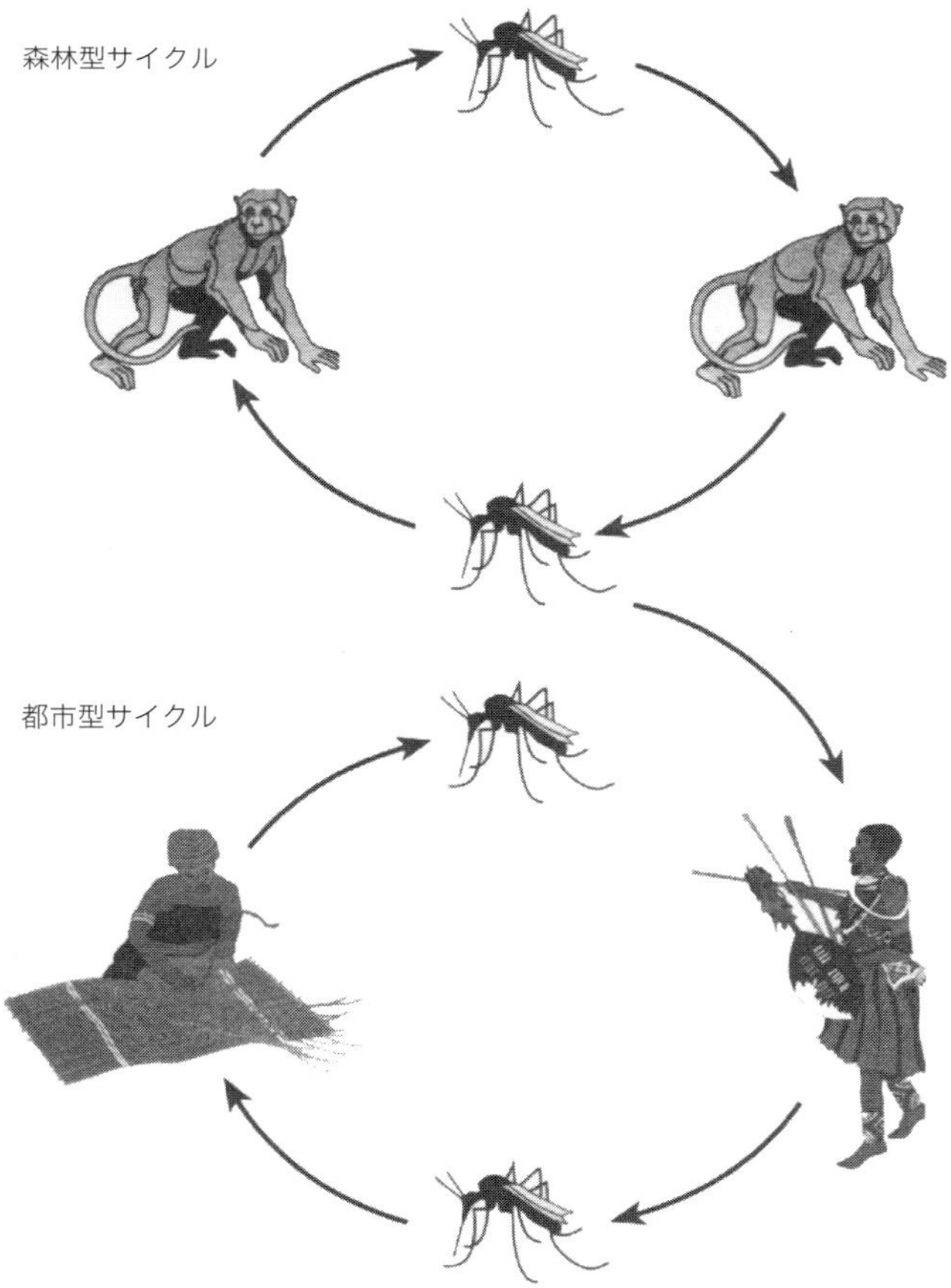

図19　黄熱ウイルスの森林型, 都市型の伝播サイクル.

す。彼はサンタ・ドミンゴを新世界帝国の首都とし、ルイジアナのフランス植民地への入り口としようとしました。しかし、彼の軍隊は１７９１年のトゥサン・ルーヴェルチュールの率いる奴隷の反乱を鎮圧することができませんでした。援軍を送ったにもかかわらず、１８０２年までに彼は４万人からなる部隊のうち多くを黄熱病で失ったのです[5]。彼らはあきらめて撤退することを余儀なくされ、これによってナポレオン新大陸進出の野望は潰えました。そしてルイジアナ州を合衆国に１５００万ドルで売却しました。

19世紀後半に、フランスはパナマ運河の建設のために20年間悪戦苦闘したのですが、黄熱病のために断念せざるを得ませんでした。この計画は１９１３年にアメリカによって成し遂げられましたが、２万８０００人の犠牲を払い、３億ドルの経費を必要としました。

ウイルスは小さいながらも今日の社会構造を蝕む力を持っています。１００年前にカメルーンの熱帯雨林で種を超えてヒトへ伝播したことからはじまり、ＨＩＶは記憶に新しい大流行を引き起こしました。50年以上にわたりＨＩＶはアフリカのサハラ以南で若者世代を減少させ、次世代家族と教育されるべき人材を奪ってしまいました。最も深刻な被害を受けた国々では労働の担い手を失い、人々は貧困に陥り、世界の貧富の格差はさらに広がりました。ＨＩＶの最前線は現在では南東アジアと東ヨーロッパに移り、ロシアでは150万人の感染者がいると推定されています。総じて政府の対応は不十分で後手に回り、政府は感染の進行を止める力がないように思われます。

HIV大流行は防ぐ手立てがないように思われますが、最終的には希望的な兆候がみられます。地方組織と緊密に協力した国際機関が、自助計画や適切な教育を施す基金や支援を供給することにより状況を変化させています。HIV流行は進行形の歴史であり、社会の発展にどのような効果をもたらしたか、時がくればやがてわかることでしょう。

私たちはウイルスの未来に何を期待しているのか?

私たちはウイルスが至るところに存在していて、ウイルス界は途方もなく多様であることを知っています。このウイルスの貯蔵庫は、実際ヒトにときおり新しい病原体をもたらします。しかし、私たちがそれに対して準備できているかどうかが問題です。端的にいうと、私たちはヒトに対する感染症を予見し、制御し、治療し、防御することができるのでしょうか?第8章において、私たちはゲノム革命が、新しい迅速な診断方法、標的ワクチンや抗ウイルス薬を供給し、それによってウイルス学にどれほど大きな衝撃を与えたかを見てきました。また2

001年のSARSの流行で、これらの手段がどれほど効果的に利用されるかが証明されました。SARSコロナウイルスが同定されるや否や、わずか数か月の間にその遺伝子配列は解明され、診断方法が開発されました。中国の生鮮食料品市場でウイルスの感染源となった動物は同定され、現在ではコウモリが長期の保有動物である可能性が最も高いとされています。ウイルスがふたたびその醜い首をもたげたとしても、私たちには抗ウイルス薬とワクチンの準備があります。もっと大規模で同様の筋書きが、2009年のブタインフルエンザウイルスの大流行の際に起こりました。ウイルス遺伝子は迅速に配列が決定され、抗ウイルス薬が予防と治療に利用可能となり、ワクチンは6か月以内に製造されました。しかし、SARSもブタインフルエンザウイルスも脅威であると認識される以前に、発生地点からはるか遠くまで拡散してしまったということは、流行の予測が一連の対策の中で一番の弱点であることを示しています。

インフルエンザやSARSを含むほとんどの新興ウイルスが他の動物からもたらされることはわかっていますが、私たちはいつどこで次のウイルスの脅威がやってくるかを予測することは困難です。実際にインフルエンザの場合、1950年代にWHOが90か国以上からなる世界的インフルエンザ調査ネットワークを組織して以来、大流行を引き起こす可能性のある新型インフルエンザ株を見つけることに多大な努力が払われてきました。2009年になってもすべての注意はアジアのH5N1型トリインフルエンザに注がれ、メキシコにおけるH1N1型ブタインフルエンザウイルスの出現は気づかれずにいました。明らかに潜在的な脅威を与えるウイルス（たとえば野鳥のインフルエンザや霊長類のレトロウイルス）の本来の宿主動物における研究や動向調査は正攻法です。しかし、これは時間と経費のかかる仕事であり、少数国の政府や機関でしか実行することができません。現在私たちにできることは、新興感染症であるかもしれない新たな病状に対して鋭い観察を続け、芽のうちに摘み取ることです。

新興ウイルスを見つけることと並び、現代のウイルス学は原因不明の病気がウイルスによるものであるかどうかを明らかにすることができます。そのひとつとして慢性疲労症候群（CFS、かつては筋痛性脳脊髄炎［ME：myalgia encephalomyelitis］とよばれていた）があります。これは長い間、漠然といくつかの症状の合併症であると考えられていました。最近この病気は「他の症状を伴わない重度の心身の疲労で、休息によって軽減されることがなく、少なくとも6か月継続する」と定義されるようになりました。この症候群は英国で25万人の患者がおり、英国保健省によって衰弱性の慢性疾患に認定されています。しかしCFSの原因は不明です。精神的な原因であるという説と、感染症であるという説があります。可能性のある原因ウイルスにはエンテロウイルス、エプスタイン-バー（EB）ウイルス、および他のヘルペスウイルスが含まれており、ときおり話題となります。しかし、これまでのところ証拠が不十分です。２００９年に米国の研究者が１００人以上のＣＦＳ患者について調べ、最近発見されたマウスレトロウイルスＸＭＲＶ（異種指向性マウス白血病ウイルス関連ウイルス、xenotropic murine leukemia virus-related virus）がおよそ3分の2の患者から発見されました。この発見は抗レトロウイルス療法がＣＦＳ患者に効果がある可能性を示していましたが、英国の他の研究者の追試によっては確認できませんでした。これは米国と英国でＣＦＳの原因が異なっていることを意味するかもしれませんが、現在でもＣＦＳが感染症であるか、精神的な原因によるものか議論が続いています。

新しい感染症を予見することや同定することに加えて、21世紀の技術の進歩に伴い、ウイルス学上の発見はこれからも続くと期待できます。現代的な分子生物学的技術を駆使して、ある種のがんを含む多くの病気の原因がウイルスであることが同定できて、予防ワクチンや新規治療法に結びつけられるかもしれません。抗腫瘍ウイルス免疫応答を強化するように設計されているいくつかの治療ワクチンについては、すでにウイルス関連腫瘍のヒト患者に対して臨床治験の準備ができています。免疫応答に関する知見が深まれば、さらに精巧な免疫応答操作により、腫瘍細胞を容易に破壊できるようになるでしょう。この点において、特異的抗体やウイルス感染腫瘍細胞特異的なT細胞を含む種々の手段を用いた免疫療法の試行が有望な結果を出しています。より自然な形の療法が、好ましくない副作用をもたらす化学療法や放射線療法にとって代わるかもしれないという期待が持てます。

ウイルスは通常の感染症の原因となることに加えて、非感染性のある種の慢性疾患の発症にも関連しているという興味深い兆候があります。多発性硬化症は通常若年成人に見られる中枢神経系の衰弱病で、慢性化し再発する病気です。進行性の神経変性は、自己免疫によって神経軸索を取り囲むミエリン鞘が破壊されることによって起こり、その結果として電気伝導の遅延や歪みが起こります。遺伝因子と環境因子の両方が関与しているようですが、ミエリンタンパク質に対する自己抗体の産生の引き金は不明です。

多発性硬化症とEBウイルスによって起こる伝染性単核球症[6]は、豊かな国々の社会的経済的富裕層に多く見られ、両者の感染分布のパターンはこの点において非常に類似しています。このことは、伝染性単核球症と同じように多発性硬化症も未知のウイルスが青年期以上の年齢で初感染を起こしたことがきっかけになっているかもしれないことを示唆しています。実際に、多発性硬化症は伝染性単核球症に罹患した人の間で非常に多く見られ、EBウイルスと多発性硬化症の直接的な関連を示す証拠が蓄積しつつあります。しかしこのことを証明するのは非常に困難です。なぜなら、ＥＢウイルスはほとんどすべてのヒトに感染しており、そのうちのごくわずかのヒトが多発性硬化症を発症するからです。最近の研究によれば、99パーセント以上の多発性硬化症患者の成人がＥＢウイルスに感染していることを示しています。他の条件を一致させた健常者の比較対照群での感染率はおよそ90パーセントです。つまり、ＥＢウイルス陰性のヒトは非常に多発性硬化症になりにくいことを意味しています。しかし、これがまさにどのようなことを意味しているか、ＥＢウイルスが多発性硬化症の原因として関連しているかは不明のままです。

他の例ではサイトメガロウイルス（ＣＭＶ）があります。ＣＭＶは世界の人口の50パーセントで持続感染していることがわかっており、冠状動脈性心疾患と関連があるとされています。病変部の動脈にみられるアテローム性プラークは心臓発作にかかわる血流の妨害に寄与しています。ＣＭＶは病変部で慢性炎症を引き起こしていて、アテローム性プラークから発見されることがあります。(7) もうひとつの新しい発見は、ＣＭＶに持続感染している老人は感染していない人たちよりも早く死亡するということです。これはＣＭＶ特異的Ｔ細胞が長年蓄積することにより、老年期において他の感染源に対して適切な免疫応答をすることができにくくなっているためであると考えられています。

これらの興味深い関連の結果からさらなる研究を行うことが正当であると認められます。がんのことについてみてきたように、病気に至る一連の過程の中でウイルスが関与しているのはたった1か所だったとしても、この関与をなくすことにより発症は抑えられました。これらのヘルペスウイルスの間接的な効果の結果は、害がないと考えられているウイルスが実はよく見かける病気の発症に関与しているかもしれないという考え方を支持しています。

ウイルスを悪用することもできる

今世紀最悪の筋書きとしては、むしろ人類が自ら脅威を生み出してしまうことが予測されます。それはウイルス感染における私たちの責務に衝撃を与えるかもしれません。

微生物を大量破壊兵器として使用するという考え方は昔から存在しています。これは1925年のジュネーブ議定書によって禁止されましたが、いくつかの国では、生物兵器候補の開発と試験の広範囲な計画継続を阻止することができませんでした。1975年の生物毒素兵器禁止条約でさえ、この活動を全面的に停止することができませんでした。現在ではおもな脅威はテロリスト集団によってもたらされています。

米国における9・11直後の炭疽菌の放出によって、世界は生物学的兵器による脅威に注目するようになりました。西洋諸国政府はそれ以来、このような攻撃に対抗するために必要な薬やワクチンの備蓄をしています。イラクのサダム・フセイン政権が生物兵器を持っているという噂は事実ではないことが明らかになりましたが、2003年のイラク解放作戦では、軍隊はワクチン接種を受け、防護服を身につけ、抗生剤を飲んで戦闘に赴いたのです。このうちのいずれかが「湾岸戦争症候群」の原因となったと考えている人もいます。

ワクチン生産施設を装えば、致死的な微生物を比較的安価で容易に生産できることから、テロリストグループによって生産されてしまう懸念があります。生物兵器は目に見えず、無味無臭で安定的であり、微量で大きな効果をもたらし、発見されることなく国境を越えて運搬することが可能です。そのため、その使用を即刻検出し、最大の被害を食い止めることは困難であると考えられます。標的を定めた攻撃や広範囲の大勢に影響を与える目的にも使うことができるのです。散布から発症するまでに時間がかかるので、犯人はその間に逃亡することができます。潜在的脅威のリストにあるウイルスの中では、エボラウイルス、天然痘ウイルスが最も致死率が高いウイルスです。他のウイルスは殺傷が第1の目的ではなく、人々を衰弱させるために使用することができます。下痢と嘔吐を起こすロタウイルスのようなウイルスは、人々を衰弱させるものの治療は可能です。

エボラウイルスは非常に感染力が強く致死率が高いため、とくに小さな地域社会では容易にヒト–ヒト感染を起こして広がり、最大の脅威となります。しかし第3章で述べているように、エボラの発生は直接の伝播が必要であること、潜伏期間が短いこと、重い症状が出るために患者が現場から移動できなくなることなどの理由で通常は自然に終結します。したがって隔離看護を行って感染の連鎖を断ち切ることができれば、コントロールすることは可能です。

天然痘のようなウイルスの場合、事情はまったく異なっています。ワクチン投与によって根絶に成功した後は、ウイルスは高度の安全性を持つふたつの研究所で保管されています。ひとつは米国にあり、もうひとつはロシアにあります。ソビエト連邦の崩壊に伴う政治的変動の間に貯蔵ウイルスが略奪され、テロリスト集団に渡った可能性があると疑う人もいます。天然痘の潜伏期間は12～24時間であり、はじめの患者が出てから全世界に拡散するに十分な時間があります。ウイルスは容易に伝播し、安定で、ヒトに感染するのにわずか1、2粒子しか必要としないことから、もしこのウイルスが放出された場合、壊滅的被害が起こると考えられます。この脅威のため、いくつかの政府が、不慮の事態に備えるという仮想の理由ではなく、世界的大流行を止めるために全人口に同時にワクチン接種をすることは不可能であるという現実に基づいて、ワクチンの備蓄をするようになりました。１９７７年に終了した天然痘根絶キャンペーン以前にワクチン接種を受けた人は、いまでも免疫を持っている可能性がありますが、世界人口の大多数は免疫を持っていないため、死亡率は30パーセント近くとなると考えられます。

人工的なウイルスの脅威は、ウイルスが大量破壊兵器に用いられることだけに限定されず、病原性のあるウイルスを意図せずにヒトに感染させる場合もあり得ます。たとえば、ヒトの病気の臓器にブタの臓器を移植することは、臓器提供者の順番待ちの問題を解決するための合理的な方法のように思われます。しかし、私たちはこれらの動物のウイルスについて何も知らないのとほぼ等しく、わずかにわかっているブタウイルスについての知識が示唆することは、ブタのレトロウイルスはヒトの細胞に感染できるということです。さらに、移植やがんの化学療法など現代のいくつかの治療法は、免疫系が抑制されている人々を増加させています。これらの人々はウイルスに対する感受性がより高く、適切な免疫応答がはたらかないことによりウイルスはしばしば長期に持続感染することが可能です。免疫抑制をされた人々は、彼ら自身の落ち度でないにもかかわらずウイルスの保有者となり、通常では存在しないウイルスを社会の中で保持し拡散させてしまうことが危惧されているのです。

実験室から漏出するウイルスも危惧されています。多くの場合において単なる心配しすぎと考えられることではありますが、ウイルスの漏出は前例のないことではありません。ロシアの研究所からインフルエンザウイルスが漏れて、1977年の世界的大流行が起こったこと（第4章参照）、また1978年の英国のバーミンガム大学で天然痘ウイルスが漏れたこと（第8章参照）に注目しなければなりません。今日一般的に外来遺伝子発現のために実験室で用いられているウイルスベクターについては、取り扱う場合には高度に安全な手法がとられています。ワクチン投与や、欠損した遺伝子を正常に発現させる目的で遺伝子改変されたウイルスも臨床試験に用いられています。初期の遺伝子治療試験においては、遺伝性の免疫疾患を持った小児の遺伝子発現を補完するために用いられたレトロウイルスベクターで惨事が起こりました。10人の患者のうち2名が白血病を発症しましたが、LOM2とよばれるがん原遺伝子の近傍にレトロウイルスベクターのDNAが挿入されたためでした。この子どもたちの白血病は治療に成功しましたが、この事件はいまだに遺伝子治療の臨床応用に対して深刻な障害となっています。しかし、多数の病気を予防、治療、治癒させる可能性のあるこの種の研究を中止するべきであるという人はほとんどいませんが、研究は注意深く進めるべきであるという意見には多くの人々が同意することでしょう。

おわりに

現在私たちは19世紀英国の産業革命期と幾分似ていて、急速な技術進歩が起こっているエキサイティングな時代に生きているといえましょう。これは確かに医療の大幅な改善を導きましたが、私たちは熱狂のあまり安全に対する考慮を忘れてはなりません。治療法の進歩は、病気のしくみの理解を支える基礎研究によって常に裏づけられていなければなりません。

私たちはウイルス学者ジョージ・クラインの警告を心に留めておかなければならないのです。

最も愚かなウイルスは最も賢いウイルス学者よりも賢い。

（訳注3）ウイルス病にかかったチューリップであるため、現在では品種として認められていません。

（訳注4）ポティウイルス科に属するチューリップモザイクウイルス（Tulip breaking virus）が、原因ウイルスです。

（訳注5）１８０２年のナポレオン軍の指揮官シャルル・ルクレールはナポレオンの義弟ですが、ルクレールも黄熱病で死亡しています。

（訳注6）ＥＢウイルスの感染によって生じます。小児期に感染すると不顕性感染となることが多く、青年期以上の年齢で初感染した場合、発熱・全身倦怠感のほか、口蓋扁桃の発赤腫脹・咽頭痛、アデノイド腫脹による鼻づまり、全身とくに頸部のリンパ節腫脹、肝脾腫がみられます。唾液を介して感染し、思春期以降はキスによって伝染することがほとんどのため「キッス病 kissing disease」ともよばれています。

（訳注7）アテローム動脈硬化の発生機序は複雑ですが、さまざまな要因により動脈壁に小さな損傷がくり返し起こるためであると考えられています。そうした機序には、物理的なストレスや免疫系、高コレステロール値や糖尿病などにかかわる炎症性ストレスなどがあります。炎症性ストレスを与える感染症には、細菌（肺炎クラミジアまたはヘリコバクター・ピロリ）やウイルス（サイトメガロウイルスなど）があります。

ものであったが，現在はもっと多くの病気のワクチンに使われる．

湾岸戦争症候群　湾岸戦争から復員した兵士に見られる多彩で複合的な精神的，生理的な症状．

モノクローナル抗体　単一クローン化されたBリンパ球の培養液よりつくられる単一エピトープ特異的抗体．種々のウイルスの同定ならびに免疫治療の際に使われる試薬となる．

溶菌性ファージ　感染後宿主細菌を死滅させ，溶菌を起こすファージ．

ランゲルハンス細胞　皮膚や他の体表部分に見られるマクロファージ．

藍藻ウイルス　「シアノファージ」を参照．

リボ核酸（RNA）　天然に存在するふたつの核酸のうちのひとつ(他方は，もちろんDNA)．RNAウイルスの遺伝物質でもある．

リボソーム　アミノ酸を重合してタンパク質を産生する細胞内小器官．

流行　コミュニティまたは地域における病気の大規模かつ一時的な増加．

淋菌　性行為で伝染する細菌．

リンパ球　さまざまな機能的な集団に分類される白血球で，特定の免疫反応を編成する（「B細胞」「T細胞」「ヘルパーT細胞」「細胞障害性T細胞」「記憶T細胞」「制御性T細胞」を参照）．

類似的な亜種　ウイルス適応性のために互いに競い合いながら急速に突然変異を繰り返している近縁ウイルスの一群．

レトロウイルス　HIVを含むウイルスの科．このようによばれる理由は，RNAをDNAに逆転写し宿主ゲノムに組込むことができるからである．

連続抗原変異　インフルエンザウイルスのように，親ウイルスに対して有効であった免疫反応を無効化するウイルス遺伝子突然変異の比較的小規模な集積．

「ろ過されざるもの」(filterable agent)　ウイルスの元々の名称．細菌をろ過できるサイズの透過孔を持ったろ過フィルターを通過できる感染体．

ワクチン接種　ラテン語でウシを意味するvaccaがその名前の由来であり，この言葉はもともと天然痘ワクチン（種痘）を意味する

偏性細胞内寄生体　ウイルスのように他の生物に完全に依存しなければならない生命体.

扁平上皮　身体の外側を覆う多層構造. 皮膚と口腔, 咽頭, 食道, そして膣など決まった内表面を形成する.

ボッカウイルス　パルボウイルスのひとつ. その名称は, よく知られたふたつの宿主動物であるウシ (bovine) とイヌ (canine) に由来する. 最近, ヒト小児の呼吸器感染症の原因ウイルスとなることがわかった.

ポリメラーゼ連鎖反応 (PCR)　単一DNA分子を数千倍あるいは数百万倍に増幅させる実験技術.

マクロファージ　サイトカイン産生により免疫反応が最初にはじまる組織で見られる可動性の免疫細胞. マクロファージは, 異物や死んだものを貪食する. 名前の意味は, 「すごい食欲」.

マレック病　ニワトリに腫瘍を起こさせるヘルペスウイルス. ヨゼフ・マレックが1907年にこの病気を記載したので, この病名となった.

慢性疲労症候群 (CFS)　他の症状がなく, 強度の疲労が6か月以上の長期間継続する病気. かつては筋痛性脳脊髄炎ともよばれていた.

ミトコンドリア　呼吸とエネルギー産生にかかわる真核生物の細胞内小器官. プロテオバクテリアから由来したと考えられている.

ミミウイルス　最近発見されたウイルスで, 巨大であるため細菌であると考えられていた. ミミウイルスの名前はバクテリアに似ている (mimic している) ことに由来する.

メチシリン耐性黄色ブドウ球菌 (MSRA)　一般的に用いられるほとんどの抗生物質に対して耐性を示す細菌. 院内感染において問題となっている.

メモリーT細胞　「記憶T細胞」を参照.

免疫記憶　以前の感染を記憶し, 次の感染を防ぐ免疫機構のはたらきで, 記憶B細胞や記憶T細胞が担っている.

免疫病理　免疫反応によって引き起こされる組織の損傷.

よって増殖が抑えられている病原体が感染を起こす状態.

ビリオン　ウイルス粒子のこと.

風土病　ある特定の地理的地域あるいは地理的集団で定期的に見つかる疾患.

フラビウイルス　昆虫を介して感染するウイルスで，黄熱病ウイルスなどが含まれる．名称は黄色を意味するラテン語 flavus に由来する．一本鎖プラス RNA ウイルスの一科.

プランクトン　水中を浮遊して生活する微生物の総称．微細な生物や藻類などの微生物を含む.

ブルータングウイルス　球体の形状をしているカプシドを有するためにブルータング（青舌病）ウイルスと命名された，オルビウイルス属の蚊媒介性ウイルス.

プロウイルス　宿主ゲノムに組込まれたウイルスゲノム配列.

分子時計　ふたつのゲノムの違いを比較し，進化距離（時間的な距離の意味）を推測する方法.

ベクター　昆虫の例のように，ある宿主から別の宿主へウイルスを運ぶ役割を担うもの．さらに，外来の DNA 導入によるワクチンとして使われるアデノウイルスベクターのように，このベクターという言葉は遺伝情報を他の細胞あるいは個体に人為的に移動させるものにも使われる.

ヘマグルチニン　インフルエンザウイルスの表面タンパク質のひとつであり，免疫反応を誘導するタンパク質である.

ヘルパーT 細胞　CD4 マーカーを持ち，他のリンパ球集団を助ける T リンパ球で，免疫反応を誘発する.

ヘルペスウイルス　単純疱疹，水ぼうそう，帯状疱疹の原因となっているウイルスが含まれている DNA ウイルス群．ヘルペス（herpes）という名前は，ギリシャ語で爬虫類を意味する herpeton に由来しており，おそらく帯状疱疹の病変のむずむずする性質を示しているのだろう.

変異　突然変異ともよぶ．次世代に受け継がれる遺伝的な変化であり，遺伝的な多様性を産む原動力となる.

ノロウイルス　急性胃腸炎の流行の原因となるカリシウイルス．以前は米国のノーウォークという町で流行したため，ノーウォークウイルスとよばれたが，2002 年にその名前はノロウイルスと短縮された．

胚種広布説（パンスペルミア）　生命の起源に関する理論で，生命は宇宙全体に存在していて，微生物は隕石によって地球にもたらされたとする．この単語はギリシャ語のすべてを意味する pan，種を意味する spemia からなっている．

梅毒　細菌の梅毒トレポネーマにより引き起こされる，性交渉により伝染する病気．

梅毒トレポネーマ　梅毒を引き起こすスピロヘータ細菌．

バクテリオファージ　細菌を宿主として感染するウイルス．

パピローマウイルス属　いぼのような良性上皮腫瘍と子宮頸部，陰茎そして頭部と頸部の悪性腫瘍を引き起こすウイルスの一科．パピローマという名前は，ラテン語で乳首を意味する papilla に由来する．

パンスペルミア　「胚種広布説」を参照．

微生物　一般的には，ウイルス，細菌，古細菌，単細胞寄生体などの顕微鏡レベルの生物全体を意味する．

非典型肺炎　細菌以外の病原体による肺組織の炎症．

ヒト免疫不全ウイルス（HIV）　エイズの原因であるレトロウイルスの一群．今までヒトは HIV-1 サブタイプ M,N,O,P と HIV-2 の感染例がある．これらはすべてアフリカの霊長類から後天的に感染したもの．

病原性　その微生物の病原性発現レベルを，その侵入効率，組織傷害能，そして，その感染宿主への致死効率により示す指標．

病原体　病気を引き起こす生物，あるいはウイルスなど．

肥沃な三角地帯　チグリス川とユーフラテス川の間の，現代のイラクとイランに相当する地域で，考古学者はこの地域で農業がはじまったと考えている．

日和見感染　宿主の免疫が抑制されて，通常であればその免疫力に形成される腫瘍.

デオキシリボ核酸（DNA） RNAウイルス以外のすべての生物，ウイルスの遺伝情報を担う自己複製分子.

デボン紀 4億1600万年〜3億5900万年前の地質時代のこと．古生代に含まれる．この時代の地層が初めて研究された英国のデヴォン州という地名に由来して名づけられた.

デング熱ウイルス 骨，関節，筋肉に激痛が起きるために「骨が折れるほどの熱」ともよばれるデング熱を起こすフラビウイルス.

電子顕微鏡 光学顕微鏡で当てる可視光線の代わりに電子線を当てて拡大する顕微鏡．10万倍以上の拡大が可能.

動物プランクトン プランクトンで無脊椎動物に分類されるもの.

毒 細菌が生産する可溶性毒性化学物質．熱で失活させることができる.

毒素産生性ファージ 毒素遺伝子を持ったファージで，感染した宿主細菌を殺す.

生ワクチン 病気を起こさずその免疫反応のみを誘導する，非病原性の生きた微生物を含むワクチン液.

ニパウイルス ヘンドラウイルス近縁のパラミクソウイルス（最近ヘニパウイルス属として分類）．フルーツコウモリが自然宿主であり，他種の動物に感染すると病気を起こし，それはヒトの場合には脳炎となる．はじめに分離されたウイルス感染者が見つかった村の名前に由来する.

乳頭腫ウイルス属 「パピローマウイルス属」を参照.

ヌクレオシド 塩基，たとえばシトシンと糖が結合した化合物．ヌクレオシドは細胞内でリン酸化されてDNA，RNAの基本単位であるヌクレオチドとなる.

ノイラミニダーゼ ノイラミン酸（シアル酸）を破壊するインフルエンザウイルス粒子上の酵素．これは，インフルエンザウイルスレセプターの一部と結合し，また，感染個体における免疫反応を誘導する.

脳炎 脳の炎症.

然痘ウイルスを感染させる技術を示す言葉．現在は，どんな感染性物質でもその接種という意味で使用される．

染色体　遺伝情報を担う DNA とタンパク質の糸状の構造体．

染色体転座　染色体の遺伝物質が誤って他の染色体に移動してしまうこと．染色体異常を引き起こす．

仙髄神経節　ひとつながりに並んだ神経節あるいは神経細胞体の一部で，脊髄の仙骨部に並んで位置している．

全生物最終共通祖先（LUCA）　生物界3ドメイン，すなわち真正細菌，古細菌，真核生物の共通の祖先．

腺熱　「エプスタイン-バーウイルス」を参照．

潜伏感染　ウイルスタンパク質がわずかしか，あるいはまったく発現されていない細胞のウイルス感染．ヘルペスウイルスの感染でよく観察され，持続感染を可能にしてしまう．

潜伏期間　感染時期と症状発現開始時期の間の期間．

多形体（多形核白血球）　白血球の一種．浅裂した核がさまざまな形のため，そうよばれる．また，顆粒球とよばれることもある．細菌の感染に対する免疫攻撃の一部分で，これらの細胞は抗微生物物質を含む小粒を持つ．彼らは，感染部位に引き寄せられ，膿をまといながらそこで死ぬ．

タバコモザイクウイルス　感染タバコ葉にモザイク斑を生じるウイルス．

タミフル　「オセルタミビル」を参照．

単球　組織のマクロファージに成熟する，循環している免疫細胞．

炭疽菌　炭疽（炭疽病）を引き起こす細菌．患部の色（黒色）から名づけられた．

チミジンキナーゼ　DNA の合成過程に必須なデオキシチミジンをリン酸化する酵素で，ほとんどの哺乳類細胞に見つかる．ある種のウイルスはウイルス由来のチミジンリン酸化酵素を保有しており，アシクロビルのような抗ウイルス薬の作用発現に必須である．

中皮腫　アスベストの吸入が原因で肺空洞を覆っている中皮細胞に

耳下腺炎で炎症が起きる.

自己免疫疾患 通常の体に免疫細胞や抗体，炎症性サイトカインが反応し，ダメージを与えることで発症する病気.

重症急性呼吸器症候群（SARS） 急性の呼吸不全のために致死率が約10%にもなる新興ウイルス感染症.

腫瘍遺伝子 「がん遺伝子」を参照.

腫瘍抑制遺伝子 細胞分裂を負に制御する遺伝子．いくつかの腫瘍ウイルスはこれらの遺伝子を不活性化し，細胞増殖の増加を引き起こす.

初期感染 感染病原体が宿主にはじめて感染したことによって起きる病気．イムノグロブリンM抗体を産生する.

植物プランクトン 植物性のプランクトン．海洋の食物連鎖の最下層となる.

真核生物 生物界3ドメインのうち，古細菌と真正細菌に属さないすべての生物（細胞の中に細胞核とよばれる細胞小器官を有する生物）.

人獣共通ウイルス 動物宿主からヒト集団へ侵入したウイルス.

人獣共通感染症 動物由来の病原体によるヒト感染症.

真正細菌 「細菌」を参照.

新生物 腫瘍やがんの別名.

人痘接種 「生着法」を参照.

髄膜炎 脳を包んでいる髄膜の炎症.

制御性T細胞 抑制性サイトカインを産生することで，免疫反応の程度を制御するT細胞.

生態系 相互作用し合う生物が形成する独立した共同体.

生着法 重篤な病気である痘瘡を起こさずにその免疫を誘導するために，天然痘患者の皮膚にできたかさぶたを接種すること．人痘接種ともよばれる.

世界的流行（パンデミック） 一度に複数の大陸におよぶ感染症の大流行.

接種法 もともとは，痘瘡を起こさず免疫だけを誘導する少量の天る可能性が高い．

光合成　光エネルギーを使って二酸化炭素から糖などの炭水化物と酸素を合成する生化学反応のこと．おもに植物が行う．

抗体　Bリンパ球がつくる分子で，血液中や体液中を循環しており，特異的な抗原と結合する．

後天性免疫不全症候群　「エイズ」を参照．

古細菌　生物界における3つのドメインのうちのひとつ．他は（真正）細菌と真核生物．

コレラ菌　コレラを引き起こす細菌（グラム陰性の桿菌）．

再活性化　潜伏感染からのウイルス複製の回復．

細気管支炎　肺の中のより細かい気道である細気管支の炎症．

細菌（真正細菌）　単細胞生物で，分類学上のドメインのひとつを占める生物群．

サイトカイン　免疫反応を制御する分泌性のタンパク質．

サイトカインストーム　免疫系への過大な刺激のために，過剰かつ不適切なサイトカインの分泌が起きること．

細胞核　「核」を参照．

細胞質　細胞内小器官を含む細胞核を囲む原形質部分．

細胞障害性T細胞（キラーT細胞）　ウイルス感染細胞を殺すことのできるTリンパ球．これらの細胞は，一般的にCD8マーカーを持っている．

細胞内小器官（オルガネラ）　核，ミトコンドリア，リボソームなどの分化した形態や機能を持つ細胞内部構造の総称．

細胞変性効果　培養細胞内でウイルスが増殖したことによりその細胞が傷害を受ける現象．

三叉神経節　頭蓋の底部に位置している，第5脳神経の両側性の（左右どちらにもあること）神経節．

シアノバクテリア　光合成を行い自由生活をする細菌．藍藻類ともよばれていた．

シアノファージ　シアノバクテリアに感染するウイルス．

耳下腺　両頬下にあり，唾液腺を産生する組織．典型的には流行性

キラーT細胞　「細胞障害性T細胞」を参照．

筋痛性脳脊髄炎　「慢性疲労症候群」を参照．

組換えタンパク質ワクチン　ウイルスを構成するひとつのサブユニットを合成したワクチン．多くは単一のタンパク質である．

組込み　あるDNAを他のDNAに組込ませる過程．レトロウイルスの生活環では重要なステップ．

クループ　喉頭と気管の感染のために起こる子どもたちの激しい咳．しばしば，パラインフルエンザウイルスまたはRSウイルスによって引き起こされる．

形質転換　正常細胞が悪性細胞へ変化すること．

形質導入　ウイルスによる細胞遺伝子の獲得．

系統樹（進化系統樹）　異なる生命体間の進化的関係を樹木状に表現した枝分かれ図．

頸部上皮内腫瘍形成（CIN）　表面上皮に限局している子宮頸部の前がん症状．

ゲノム　ある生物のもつ遺伝情報の総体のこと．

ケモカイン受容体タイプ5（CCR5）　HIVが細胞に感染する際に必須の共同受容体として機能する細胞表面分子．

原核生物　核と細胞内小器官を持たない細菌，古細菌を含む生物群．通常，単細胞体である．

原形質連絡　隣り合った植物細胞間で物質のやりとりを可能にしている微小なチャンネル構造．

原始スープ　最初の生命が生まれたと考えられる天然化合物の混合液．

口唇ヘルペス　皮膚の病変．たいてい，単純ヘルペスウイルスが原因で，唇周辺で見られる．

睾丸炎　精巣の炎症．

抗原　外来のタンパク質などの物質で，体内において免疫反応を誘導する．

抗原変異　インフルエンザウイルスのように，分節遺伝子の再集合によるウイルス遺伝子の大変異であり，パンデミック流行株とな

オルガネラ 「細胞内小器官」を参照.

核（細胞核） 語源はラテン語の「芯」に由来. 真核細胞の染色体を保存する細胞内小器官.

かぜウイルス 「インフルエンザウイルス」を参照.

カプシド ウイルスの遺伝物質を取り囲むタンパク質の外殻部分.

カプソメア カプシドのタンパク質サブユニット.

カポジ肉腫ヘルペスウイルス（KSHV） カポジ肉腫の原因となるヘルペスウイルス（ヒトヘルペスウイルス 8, HHV 8 ともよばれる）で, その腫瘍をはじめて説明した医師にちなんで名づけられた.

がん遺伝子（腫瘍遺伝子） 正常細胞を腫瘍細胞に形質転換させることができる遺伝子.

がん原遺伝子 ウイルスによって形質導入された細胞ゲノムの中に存在するがん遺伝子.

肝硬変 毒素あるいはウイルスにより肝臓にできた傷跡のことで, 肝不全につながる.

記憶 T 細胞（メモリーT 細胞） それぞれ特定の抗原を認識する, 長い間存在する T 細胞で, 二度目の感染にすばやく反応できる.

寄生生物 宿主となる生物の体表・体内などに生息し, 宿主から一方的にメリットを享受する.

逆転写酵素 レトロウイルスの RNA ゲノムを DNA へと「逆」転写するレトロウイルスの酵素.

急性レトロウイルス症候群 ヒト免疫不全ウイルスの初期感染による症候群. 不快感, 発熱, 喉の痛み, 腺の腫れ, 発疹を特徴とし, 2〜6 週間続く.

共進化 ふたつの種の連鎖した進化で, 通常どちらの種にとっても利益がある.

極限環境生物 極限環境条件で増殖できる単細胞生物.

巨細胞封入体症 サイトメガロウイルスの子宮内感染による先天性疾患. 幼児の症状として発育遅延, 難聴, 血液凝固活性の低下, 肝臓, 肺, 心臓, 脳での炎症が出ることがある.

ためのウイルスの能力.

ウイルス負荷　血中にあるウイルス濃度の測定値.

エイズ（後天性免疫不全症候群［AIDS］）　日和見感染を何度も繰り返す状態となったヒト免疫不全ウイルス感染症（HIV 感染）の段階.

衛生仮説　小児期に感染性微生物にさらされていないとアレルギー疾患や自己免疫疾患などの素因をつくるという理論.

エコーウイルス　腸管感染し細胞障害性のあるヒトに感染する孤立性ウイルスでピコルナウイルスに属する（ピコは小さいことを意味する RNA ウイルス）. 最初にこのウイルスが分離されたときには病気との関連が認められなかったためこのように命名された. 現在では結膜炎とインフルエンザのような熱性疾患を引き起こすことが知られている.

エプスタイン-バーウイルス（EBV）　腺熱（伝染性単核球症）を引き起こすウイルスで多数のヒト腫瘍と関係がある. 発見したアントニー・エプスタインとイボンヌ・バーというふたりの科学者にちなんで名づけられた.

エボラウイルス　エボラ出血熱を引き起こすフィロウイルス（このウイルスはフィラメント状の構造を有するので, ラテン語でフィルムとよばれる糸を意味する名前がつけられた）. ザイール（現コンゴ民主共和国）のヤンブク村ではじめて流行が起きた.

塩基対　遺伝暗号の言葉を綴るヌクレオチドの対のこと. DNA では, アデニン（A）とチミン（T）, およびグアニン（G）とシトシン（C）が対をなす.

エンベロープ　「ウイルスエンベロープ」を参照.

黄疸　皮膚と結膜の黄色変化. 肝疾患と関係がある.

黄熱病ウイルス　蚊（おもにネッタイシマカ）によって媒介されるフラビウイルスで, 黄熱病を引き起こす. 発熱と黄疸が特徴.

オセルタミビル　インフルエンザウイルスに対する抗ウイルス薬. この薬剤は, ウイルスノイラミニダーゼ活性を阻害するので, 感染細胞からウイルス粒子の新規の放出が阻止される.

アフロトキシン　B1　アスペルギルス・フラブスというカビによって産生された毒素.

アブラムシ　植物の樹液を餌とする小型の昆虫.

アポトーシス　制御，調節された細胞死.「衰退」を意味するギリシャ語 apo と ptosis から名づけられた. プログラムされた細胞死（programmmed cell death）ともよばれる.

遺伝子　染色体の一部. 特定のタンパク質などをコードする DNA（RNA ウイルスでは，RNA).

遺伝物質　遺伝情報を担う物質.「DNA」と「RNA」を参照.

インターフェロン　抗ウイルス性のサイトカインの一種.

インターロイキン 2　T 細胞の成長と生存に必須のサイトカインのひとつ.

インテグラーゼ　感染細胞の DNA にレトロウイルスのプロウイルスを取り込ませることを可能にする酵素.

インフルエンザウイルス（かぜウイルス）　流行性感冒とその世界的流行を引き起こすオルソミクソウイルス. 15 世紀にこの病気は「インフルエンザ」(イタリア語で「影響」を意味する）とよばれた. 当時，この病気は悪意のある超自然的な影響に起因すると思われていた.

ウイルス　感染した宿主細胞内でのみ複製可能な微小な感染体.「ウイルス」という語は，ラテン語の「毒素」あるいは「有害物質」から由来している.

ウイルスエンベロープ（ウイルス体膜）　細胞膜由来のウイルスを囲む膜.

（ウイルス学的）セットポイント　潜伏感染あるいは持続感染中のヒトの血中ウイルス濃度の安定値.

ウイルス圏（ウイルス生存圏）　環境中のウイルスを取り巻くコミュニティのこと. virus（ウイルス）と sphere（球）を合わせた造語.

ウイルス体膜　「ウイルスエンベロープ」を参照.

ウイルス適応性　同じウイルスのグループの，他の系統と競い合うた．

KSHV　「カポジ肉腫ヘルペスウイルス」を参照．

LUCA　「全生物最終共通祖先」を参照．

MRSA　「メチシリン耐性黄色ブドウ球菌」を参照．

PCR　「ポリメラーゼ連鎖反応」を参照．

RNA　「リボ核酸」を参照．

RNA 干渉　mRNA 鎖に小さな相補的（妨害性）RNA 分子が結合することで，遺伝子発現を制御する機構．この機構は微生物や寄生生物への防御としても機能する．

SARS　「重症急性呼吸器症候群」を参照．

SARS コロナウイルス　SARS の起因病原体．太陽の光冠のような構造からコロナウイルス属に分類される．

SSPE　「亜急性硬化性全脳炎」を参照．

TT ウイルス　最近記載され，どこにでもよく見られるアネロウイルスの一種．最初にこのウイルスが分離された患者の頭文字にちなんで名づけられ，病原性はないようである．

T 細胞（リンパ球）　ウイルス感染の制御に必要な特異的な細胞仲介性の免疫反応を誘導するリンパ球．「ヘルパーT 細胞」，「細胞障害性（キラー）T 細胞」，「記憶 T 細胞」，「制御性 T 細胞」も参照．

亜急性硬化性全［汎］脳炎（SSPE）　脳組織の持続性ウイルス感染が引き起こす，はしかの稀で致命的な疾患．

アシクロビル　いくつかのヘルペスウイルスの増殖を抑制する薬剤．多くは性器や口唇ヘルペスや帯状疱疹などの治療に使われる．

アデノウイルス　咽頭扁桃から分離された DNA ウイルスで，咽頭扁桃がアデノイドとよばれることから名づけられた．呼吸器と眼に感染する．DNA のベクターとして実験的な遺伝治療に使用されている．

アテローム性プラーク　動脈の内側にできる脂質の沈着物．血管を狭くする原因となり，閉塞を起こりやすくする．

用語集

AIDS　「エイズ」を参照.

B 型肝炎ウイルス　慢性肝疾患と肝臓がんのおもな原因. ヘパドナウイルス（hepadnavirus）科に属する DNA ウイルス. この名前は hepa（つまり肝臓), DNA, ウイルスに由来する.

B 細胞　「B リンパ球」を参照.

B リンパ球（B 細胞）　骨髄で幹細胞から分化し, 血液中を循環し, リンパ節で成熟する, 抗体をつくっている細胞.

CCR5　「ケモカイン受容体タイプ 5」を参照.

CD4　ヘルパーT 細胞の表面に発現する分子.

CD8　細胞障害性 T 細胞の表面に発現する分子.

CFS　「慢性疲労症候群」を参照.

CIN　「頸部上皮内腫瘍形成」を参照.

c-myc　バーキットリンパ腫を含む数種類のがんに関与しているがん遺伝子.

DNA　「デオキシリボ核酸」を参照.

DNA ワクチン　免疫原となるタンパク質をコードする DNA のみからなるワクチン.

EBV　「エプスタイン-バーウイルス」を参照.

HAART　HIV 感染症の治療に使われる抗 HIV 剤併用療法.

HIV　「ヒト免疫不全ウイルス」を参照.

JC ウイルス　脳変性疾患を引き起こすポリオーマウイルス. 最初にこのウイルスが分離された患者の頭文字にちなんで名づけられ

O. Erlwein et al., 'Failure to Detect the Novel Retrovirus XMRV in Chronic Fatigue Syndrome', *PLoS ONE*, 5 (2010): e8519.

S. Hacein-bey-Abina et al., 'LMO2-associated Clonal T Cell Proliferation in Two Patients after Gene Therapy for SCID-X1', *Science*, 302 (2003): 415–19.

訳者がすすめる書籍

永田恭介 著,『ウイルスの生物学－セントラルドグマ』, 羊土社, 1996年.

武村政春 著,『新しいウイルス入門』, 講談社ブルーバックス, 2013年.

平松啓一 監修, 中込治・神谷茂 編集,『標準微生物学 第11版』, 医学書院, 2012年.

J. G. Black, "Microbiolgy, 8th edition", Wiley, 2012（邦訳：神谷茂・高橋秀実・林英生・俣野哲郎 監訳,『ブラック微生物学 第3版』, 丸善出版, 2014年）.

S. J. Flint, L. W. Enquist, V. R. Racaniello, A. M. Skalka, "Principles of Virology, 3rd edition", ASM Press, 2008.

有用なウェブサイト

http://www. virology. net/garryfavwebindex. html　ウイルスに関するさまざまな有用ウェブサイトが集められている.

http://www. stanford. edu/group/virus/　スタンフォード大学のグループが作成したサイト. ヒトのウイルスに関する基本的な情報が掲載されている.

J. Diamond, "Guns, Germs and Steel: A Short History of Everybody for the Last 13,000 Years", Vintage, 1998（邦訳：倉骨彰 訳,『銃・病原菌・鉄－1万3000年にわたる人類史の謎』, 草思社, 2012年）.

P. Aaby, 'Is Susceptibility to Severe Infection in Low-Income Countries Inherited or Acquired?', *Journal of Internal Medicine*, 261 (2007): 112–22.

P. Sharp and B. H. Hahn, 'The Evolution of HIV-1 and the Origin of AIDS', *Philosophical Transactions of the Royal Society, London* B, 2010.

J. F. Fears, 'The Plague under Marcus Aurelius and the Decline and Fall of the Roman Empire', *Infectious Disease Clinics of North America*, 18 (2004): 65–77.

第6章

D. A. Thorley-Lawson, 'Epstein–Barr Virus: Exploiting the Immune System', *Nature Reviews Immunology*, 1 (2001): 75–82.

第7章

E. D. Pleasance et al., 'A Comprehensive Catalogue of Somatic Mutations from a Human Cancer Genome', *Nature*, 463 (2010): 191–6.

A. S. Evans and N. E. Mueller, 'Viruses and Cancer: Causal Associations', *Annals of Epidemiology*, 1 (1990): 71–92.

第8章

F. Fenner, D. A. Henderson, I. Arita et al., "Smallpox and Its Eradication", WHO, Geneva, 1988.

A. J. Wakefield, S. H. Murch, A. Anthony et al., 'Ileal-Lymphoid-Nodular Hyperplasia, Non-Specific Colitis, and Pervasive Development Disorder in Children', *Lancet*, 351 (1998): 637–41.

C. Dyer, 'Lancet Retracts MMR Paper after GMC Finds Andrew Wakefield Guilty of Dishonesty', *British Medical Journal*, 349 (2010): 281.

A. S. Fauci, 'Pathogenesis of HIV Disease: Opportunities for New Preventive Interventions', *Clinical Infectious Diseases*, 45 (Suppl. 4, 2007): S206–12.

第9章

D. H. Crawford, "Deadly Companions: How Microbes Shaped Our History", Oxford University Press, 2007.

V. C. Lombardi et al., 'Detection of an Infectious Retrovirus, XMRV, in Blood Cells of Patients with Chronic Fatigue Syndrome', *Science*, 326 (2009): 585–9.

参考文献

第1章

D. H. Crawford, "The Invisible Enemy: A Natural History of Viruses", Oxford University Press, 2000（邦訳：寺嶋英志 訳,『見えざる敵ウイルスーその自然誌』, 青土社, 2002 年).

第2章

B. La Scola, S. Audic, C. Robert, L. Jungang, X. De Lamballerie, M. Drancourt, R. Birtles, J. M. Claverie, and D. Raoult, 'A Giant Virus in Amoebae', *Science*, 299 (2003): 2033.

C. A. Suttle, 'Viruses in the Sea', *Nature*, 437 (2005): 356–61.

L. Ledford, 'Death and Life Beneath the Sea Floor', *Nature*, 545 (2008): 1038.

K. M. Oliver, P. H. Degnan, M. S. Hunter, and N. A. Moran, 'Bacteriophages Encode Factors Required for Protection in a Symbiotic Mutualism', *Science*, 325 (2009): 992–4.

第3章

P. Horvath and R. Barrangou, 'CRISPR/Cas, the Immune System of Bacteria and Archaea', *Science*, 327 (2010): 167–70.

第4章

A. J. McMichael, 'Environmental and Social Influences on Emerging Infectious Diseases: Past, Present and Future', *Philosophical Transactions of the Royal Society, London* B 359 (2004): 1049–58.

M. E. J. Woolhouse, 'Population Biology of Emerging and Re-emerging Pathogens', *Trends in Microbiology*, 10 (Suppl., 2002): S3–S7.

第5章

図10
Source: UNAIDS

図11

図12
From C. S. D. Roxborgh et al, 'Trends in pneumonia and empysema in Scottish children in the past 25 years', *BMJ* Vol. 93 (April 1, 2008).

図13
From A. Mindel and M. Tenant-Flowers, 'Natural History and Management of early HIV infection', *ABC of Aids* (2001).

図14
Cancer Research UK, http://info.cancer-research.org/cancerstats.
Source: WHO

図15
Cancer Research UK, http://info.cancer-research.org/cancerstats.

図16
From D. Burkitt, 'Determining the Climatic Limitations of Children's Cancer Common in Africa', *British Medical Journal*, 2 (1962): 1019–23

図17
Cancer Research UK, http://info.cancer-research.org/cancerstats.
Source: GLOBOCAN

図18
Courtesy of the Library of Congress

図19
From D. H. Crawford, *The Invisible Enemy* (OUP, 2000), p. 26, fig. 1.4

図・詩の出典

１章冒頭の詩
'The Microbe' from More Beasts for Worse Children by Hilaire Belloc. Reprinted by permission of Peter Fraser & Dunlop (www. peterfraserdunlop. com) on behalf of the Estate of Hilaire Belloc.

図１
From D. Greenwood et al. (eds.), *Medical Microbiology*, 16th edn. (Churchill Livingstone, 2002), p. 23, fig. 2.16
© Elsevier

図２
From L. Collier and J. S. Oxford *Human Virology* (OUP, 1993), p. 4, fig. 1.1
© Oxford University Press

図３
From B. and D. Charlesworth, *Evolution: A Very Short Introduction* (OUP, 2003), p. 25, fig. 5b
© Oxford University Press

図４
© www.clontech.com

図５
Reprinted by permission from Macmillan Publishers Ltd : *Nature* 437, copyright 2005.

図６
From D. H. Crawford, *Deadly Companions* (OUP, 2007), p. 136, fig. 5.3
© Oxford University Press

図８
From Zuckerman et al. (eds.), *Principles and Practice of Clinical Virology*, 6th edn. (Wiley and Blackwell, 2009), p. 70, fig. 4.2
© John Wiley & Sons Ltd.

図９
From *SARS in Hong Kong: From Experience to Action*, Report of the SARS Expert Committee Chapter 3 (October 2003). SARS Expert Committee

ま 行

や 行

ら 行

わ 行

な　行

は　行

た　行

さ　行

あ　行

索　引

原著者紹介

Dorothy H. Crawford（ドロシー・H・クローフォード）

英国の医学者．ウイルスとヒトの腫瘍に関する研究に従事．2005年に医学と高等教育への貢献で大英帝国勲章を受章．2007年よりエディンバラ大学のPUM（一般市民の医学の理解）部門の教頭を務める．邦訳書に『見えざる敵ウイルス』（青土社，2002）がある．

監訳者紹介

永田　恭介（ながた　きょうすけ）

1953年生まれ．筑波大学学長．薬学博士．アルバート・アインシュタイン医科大学博士研究員，スローンケタリング記念がんセンター研究員，国立遺伝学研究所助手，東京工業大学准教授，筑波大学基礎医学系教授などを経て2013年より現職．監訳書に『ヒトの生物学』（丸善出版，2007），編著書に『目的別で選べるタンパク質発現プロトコール（実験医学別冊）』（羊土社，2010）などがある．

サイエンス・パレット 016
ウイルス —— ミクロの賢い寄生体

平成26年4月25日　発　　行
令和 2 年7月30日　第2刷発行

監訳者　永　田　恭　介

発行者　池　田　和　博

発行所　丸善出版株式会社
〒101-0051 東京都千代田区神田神保町二丁目17番
編集：電話(03)3512-3265／FAX(03)3512-3272
営業：電話(03)3512-3256／FAX(03)3512-3270
https://www.maruzen-publishing.co.jp

組版印刷・製本／大日本印刷株式会社

ISBN 978-4-621-08816-6　C0345　Printed in Japan